U0692630

领薪水后的第一本理财书

萧世斌 著

ZHEJIANG UNIVERSITY PRESS
浙江大学出版社

目录

想有闲钱，不能靠薪水，更不能靠别人！

我已经不止一次在不同的媒体看到类似的新闻——股市投资人中，10 个人有 9 个赔钱，只有 1 个人能靠投资股票赚到钱。那个赚钱的人，通常都有自己的一套方法；而那些亏钱的人，都是在得知别人的消息与分析后才行动，因此错过了最佳的买卖时机。

我一个善于股票投资的朋友私下告诉我，他不想再自讨没趣，绝不再和他的朋友讨论个股买卖了。因为之前他偶尔和朋友聊到股票经时，他的朋友听到他买了哪一只股票正在涨，回家就去买了同样的股票。一段时间后，我朋友已经获利了结，他的朋友却因不知道出场时机而亏钱。亏钱之后还抱怨我朋友，怎么没通知什么时候出场。我朋友觉得很冤，他觉得这些朋友，亏钱怨他，赢钱也不会分他，干脆不再和他的朋友讨论个股了。

这种情形让我更加坚信，自己掌握评估价值方法的重要性。只有自己学会评估价值的方法，才能主动掌握进场与出场的时机，独立与坚定地采取行动;而靠别人分析与建议的人,没办法独立判断进退时机,下场不妙的概率就很大了。

由于我自己到40多岁才开始投资,起步较晚,所以非常谨慎,不太信任所谓的投资顾问老师、专业操盘人或理财专家的意见,我一开始就想彻彻底底学会怎么衡量每一笔投资的真实价值,但当时放眼书店里所有的理财书,几乎都是在讲如何投资(怎么投资?投资什么?),很少理财书的作者能够很准确地告诉我,一只股票到底值多少钱?以及这个价值是如何计算出来的?

盲从投资最危险

说得实际一点,如果我不知道一只股票到底值多少钱,我一定会买得不安心,如果我盲目地买进,我晚上一定也睡不着。可惜,这些对投资决策非常重要的知识,通常只出现在投资学的教科书中,一般的大众理财书很少讲解。

一般大众理财书缺少重要的基础投资知识,可能是考虑到非财经背景的读者,一看到这些专业知识就会却步。但我想强调的是,投资的基础财务知识非常重要,而且真的没有那么难理解,更不是只有财经背景的人才会懂。在茫茫的投资旅途中,唯有彻底拥有这些知识,你才能在投资这条路上走得顺畅。我相信,和我一样想法,至今走在黑暗中自己摸索的人一定不少,如果我能把自己一路走来自学成功的方法(详细过程请参见下一篇《我如何拥有一辈子都有钱的人生》)分享出来,让这些人得到一些帮助与启发,我就感到很欣慰了。

在这本书里，我会把有关投资一定要懂的基础财务知识，以深入浅出的方式切中要点，希望大家第一步先建立正确的投资观念；第二步，则要大家学会如何自己用数据来做投资决策，我深信"财务不是游戏"，只要"让数字说话"，不管大家要投资股票、基金、债券还是定存，甚至投资房地产或想省房贷，都可以清清楚楚地做出稳赚不赔的决策。

本书难免有一些枯燥陌生的教科书式的内容，我都尽我所能讲得清楚简单。有关数学的那一部分内容，我都已经转换成内建公式的 EXCEL 电子表格，每一个电子表格都可以从我的个人网站上免费下载。举凡投资理财会用到的电子表格，几乎都有，包括定期定额试算、房屋价值评估，还包括个人家庭财务规划、生活开销记录等。网友告诉我，下载这些表格之后套上自己的数据就可以用，真的非常方便；有些表甚至是理财专家、精算师只秀给你看结果，不让你看试算过程的珍贵表格。光是下载这些表格拿去应用，就受益良多。

观念与方法并重

简单来说，本书最大的特色就是所介绍的投资工具都有理论基础，而且都用 EXCEL 试算来辅助说明。至于投资工具方面，包含了定期定额投资、股票投资以及房地产投资。

另外，如何做好资产配置及投资组合，也是本书的重点之一，这是一般理财书较少兼顾的题材，虽然重要但却不讨喜。因为这部分若要叙述清楚，需要很多的数学知识，本书利用许多图解，并以实际的范例来解说，让读者可以不用碰数学也能了解当中的原理。

本书是我花了15年时间学习、摸索、修正，并得到实际成果的理财心得，我想借此书与你分享。如果你和我一样，到了40岁才领悟（或是被刺激）到积极理财的重要性，从现在开始，为自己创造下半辈子都有钱的生活，真的还来得及；当然，如果你才20多岁、30多岁更好，正确的理财观念与方法，愈早学愈好，学会这个方法，你想拥有自己想要的一辈子有钱的人生，绝对不是梦。

写完本书时，我最大的冲动就是希望我的两个女儿能够在第一时间阅读。我期待她们拥有正确的理财观念与方法，也都能为自己打造一个富足的人生。所以，这本书可以说是一个老爸为女儿而写的肺腑之言。我也同时希望，借由此书，和我一样认认真真在工作中埋头打拼的人，也能抽出一点点时间认认真真学会理财方法，一辈子有保障。

最后，如果各位有进一步问题或个别问题，请登录我的个人网站 http://www.masterhsiao.com.tw 提出意见或问题，我很乐意与各位理财同好一起交流与切磋。

我如何拥有一辈子都有钱的人生

人总是要经历一定的生活体验后，才能明白金钱的真正价值，不是在于吃好穿好，也不是在人前炫耀，而是让自己得到选择的自由。

过去我和一般上班族一样，过着日复一日的职场生活，每天都要面对老板、同事、下属、客户的各种需求。虽然我做得不错，也已成为公司高管，也许已经攀登到让人羡慕的职位了，但在职场生活里，我就像滚轮上的老鼠，不管身心状态如何，就是没有停下来的自由。

想脱离这种滚轮般的生活，我第一个自问的问题就是：我有没有这种选择的自由？说穿了，就是维持理想生活质量的准备金，是否足够到让我能作出这个选择。

年轻时，我也不懂积极理财的道理，直到 40 多岁才开始学习理财，算是蛮晚熟的。但因为我中年才开始理财，出手非常谨慎，我不能忍受自己一分一毫辛苦赚来的血汗钱，糊里糊涂就被拿出去洒，没有十足的把握，或是风险超过我能承受的范围，我绝对不会出手。所以，虽然投资讯息很多，我要求自己静下心来，从投资知识的基础打底，并找出方便好用的试算方法，来估算每一笔投资的机会与风险。我从来不愿意，也不屑随便听听名嘴或消息就进场。15 年下来，我证明了自己研发出来的这一套投资理财的方法是非常可靠的，也很愿意在本书中与大家分享。

想理财致富，是因为被刺激到……

我年轻时非常讨厌股票，后来却因为投资股票致富，现在还在小区大学教人正确评估股票价值以作为投资判断的依据。这当中的转折，是因为一件值得回味的事，我很乐意毫无保留地从头说起。

记得 1990 年，台湾股市第一次飙到 12000 点，当时我才 30 岁出头，台湾民众对股票疯狂的程度，令人印象深刻，好像大家脑袋里都只有一个念头：只要买股票，不必工作，就可以赚很多钱。这也难怪啦，当时台湾的股票实在太好赚了，投资 50 万新台币，只要一个涨停板，赚到的差价就比 1 个月的薪水还高，难怪很多人会放弃正当职业，把炒股当正常工作。这种现象，对从小就被父母灌输“不可以赌博”、“要勤奋工作”的我来说，只觉得这不是正派人士应该做的事，当时也非常不屑那些玩股票的人。

我对股票抱着这样的负面观念，一直到 40 岁左右才改变。在我 40 岁左右，已经是公司里的高级主管，年薪早就破百万新台币，身边也有了一些积蓄，但是我和大部分人一样，一想到理财，只会存定期。当时的定存年利率可不像现在这么可怜，而是 7%～10%。所以，我有时候光是算算赚到的利息，还会天真地沾沾自喜呢。

不过，后来我职位高了，接触的人多了，眼界也宽了，才发现自己虽然过得还不错，但是拥有的财富比起身边接触到的有钱人，实在还有一大段差距。

有一次，我遇到一个大学同学，他在学校时的学习成绩非常不起眼，但让我惊讶的是，他现在竟然是班上最富有的人。我心里很不是滋味，心里想，他凭什么可以这么有钱？更好奇的是，他为什么可以这么有钱？原来，就因为在房地产大涨时，他把资金投入了房地产，然后顺利地搭上行情上涨的列车，成功海捞了一大笔。

我心里最不服气的是，那些靠投资致富的人并没有什么特别的聪明才智（以前认为在学校或公司里表现优秀的人，才算有聪明才智），也不是靠勤奋工作才有钱，只是比别人有勇气，敢把钱拿出来，下手又比别人狠，选对投资时机而已。再回头看看自己，每天从早到晚努力工作，一刻也没偷懒，但财富的累积却远远跟不上那些人，我当场领悟到一个道理：勤奋工作跟财富并不会画上等号。（当然，现在回想起来，这样想对那些人是很不公平的。难道有勇气、下手狠以及选对时机出手，是那么简单的事吗？）

受到班上首富同学的刺激之后，我开始想理财，也想致富，可是往往不得其门而入。我曾经希望借由书中得到启发，只是每次到了书店，没看几页就失望而归。我发现书架上的投资理财书籍，怎么谈来谈去都是我讨厌的股票，而且都是一堆技术分析，好像理财就等于买股票；而投资方式也是简单到只要看看线型，画画几条并行线，不必花太多脑筋，就可预测股票的未来走势。（事实证明，技术线型是无法准确预测下一个时间点的走势的）

为了致富，我立志要自己学会投资原理

直觉告诉我不对，如果投资真的这么简单，只要研究线型及指标就可以，那么大学商学院的投资学及财务管理学，为什么要弄得那么复杂，内容尽是一些统计及数学知识？为什么所有大型投资机构要的人才通通都是财经科系出身？我相信，这些机构所要借助的，是这些人的财经专业背景，也就是在学校训练的正统投资理论及财务管理方法。

我是一个相信科学的人，也相信科学不会骗人，于是我勇敢地选择了一本学校投资学用的原文教科书，是由美国加州大学Robert A. Haugen教授所写的*Modern Investment Theory*。我知道我需要的知识，一定得从这种渠道获得，所以为了致富，我立志一定要自己学会投资学原理。

坦白说，一开始学是有些困难，因为内容有些艰涩，而且直接从枯燥的统计学角度切入。但是，我看完全书之后，不得不佩服投资这门学问，是那么有理论基础，是那么扎实。后来，我又干脆把

财务管理学也一起看完,以加强自己的财务理论基础。有了这些财务知识,后面的理财之路也就开始走得顺畅了。

对于投资,我从不贪婪,只求可以有 10%的年化回报率就好,因为通过"72 法则"试算(参见本书第 13 节),7 年就会翻一倍,20 年后我的资产会增长到 8 倍,我还有什么不满足呢?而我投资的最高指导原则就是:任何投资所承担的风险,都必须安全到使我晚上可以睡得着觉的程度。

懂了理论,还需要好的试算工具

"工欲善其事,必先利其器。"有了理论基础后,投资时还需要许多繁杂的计算过程,没有好的工具,恐怕也没办法做到。幸好,几乎每台计算机都有的试算软件,拿来做各种投资试算,已经绰绰有余。我都是利用 EXCEL 处理试算问题。许多人看了我的网站之后,发现有很多已经内建好公式的电子表格,非常好用,很多人好奇这些电子表格是怎么做出来的。

其实没有一件事是一蹴而就的,这些 EXCEL 技巧是我慢慢从工作中累积的。在我决定退休前,我的工作和经营管理息息相关,早就习惯了以数据作为管理的决策参考,我使用的工具就是 EXCEL。这是一个非常实用的试算工具,任何有关数据的处理,用 EXCEL 就能变得简单无比。

例如公司每一次开董事会,我就得准备年度销售计划做报告,我的报告每一次都让董事们印象深刻,我看得出来,他们眼中总是流露出非常信任的眼光。没有其他原因，只因为我善用了 EXCEL 的优势。别人的年度销售计划，通常只做到产品的总销售量预估，顶多也只是列出明细。但是我做的报表不一样，不但列出明细，而且每样产品、每月的预估销售，都会和增长率变量一起连动，这样的估算才会更精准。

我就是充分利用 EXCEL 的敏感度分析，把公司经营可能面临的风险，事先加以评估。这样才能估计变动的状况，也才能知道万一增长率不如预期，最差的状况会是如何。当然除了增长率之外，成本的变动对利润的影响，也都一并考虑进去。总之，没有 EXCEL 工具，这样的估算是不可能办到的。

既然我平常在工作中对 EXCEL 已经那么熟练，在我学习投资理财的过程中，哪有不用 EXCEL 来分析各项变动因素的道理。记得第一次看到投资学中，提到一只股票的投资回报率呈现正态分布，也就是俗称的“钟形分配”。当时我心中就纳闷，股价这样上上下下乱七八糟的，回报率怎么会是正态分布呢？于是马上用 EXCEL 试算，把回报率的图画出来，结果还真的是个钟形图案。亲眼见到这个钟形分配图形的那一刻，对我来说颇为震撼。因为有了这个经验，我也相信，股票是可以用统计学来分析的。

投资考验投资人评估资产价值的准确度，谁可以买到价值被低估的产品，谁就是赢家。买股票是这样，债券、房地产也是这样。只要了解如何评估金融商品的价值，心中就会有个底，再也不怕金融市场的风风雨雨。然而价值不是用想的、用猜的，更不是随便从媒体上听来看来的，而是实实在在计算出来的。

2008年10月26日，我在网站上发表了一篇文章《买股票时机已近》，当时受金融海啸影响，台股已经跌到4579点。我那时候为什么敢这样写，主要是我自己算一算，似乎每一只绩优股的价格，都已经远远低于内在价值(未来现金流入的现值)。就算当时买进还会继续跌，也没有什么好担心的，因为光靠配息，就可以赚到预期的回报率，那又有什么好担忧的？当时我就判断，理性投资人这时候就会慢慢进场，结果如我所料，没过多久指数就开始往回涨了。

一只定期定额基金帮我赚到150%回报率

虽然说我是在40岁之后才开始投资，到现在只有15个年头，但是靠着积极而稳健的理财方式，和之前只会定存比起来，真的让我的资产实现了快速累积。以我的经验来说，投资就必须有资本，年轻时要养家、缴房贷，可以用来投资的资金有限。40岁之后，我的经验丰富、收入也变多，能投资的资金相对增加，投资效果就会比较明显。我的投资方法其实也很简单，就是老老实实奉行教科书上的买进持有策略而已。

例如我在1997年时，就以定期定额投资了一只富达欧洲小型企业基金。这只基金经历过1999年的科技泡沫以及2008年的金融海啸，我都没有卖掉。因为这笔资金本来就是留着退休用的，我根本不急着出手。到目前为止，这笔投资的累积回报率已经达到150%。

5年前，因为我的小孩已经陆续从大学毕业，我就开始认真思考退休这件事，希望不要再为五斗米折腰，可以一圆我当老师的梦想。我认为自己表达能力非常好，而且喜欢将自己所学教给他人，也可以认识新朋友。离开职场后可以到学校教书，这是我长期以来的梦想。但是，什么时候才可以没有金钱上的后顾之忧，真的把饭碗丢掉，勇敢离开职场呢？我内心的衡量标准就是，光靠投资收入所得过的生活质量不可以比在企业当高级主管差，如果能达到这样的标准，我就可以从职场中退休了。

那是怎么样的生活质量呢？我给自己订了一个目标，就是一年四季每季都可以出游一次，其中两季是到国外，另外两季是国内旅游。国外旅游部分一个是远程，另一个就是亚洲。我估计这样的旅游预算每年约30万新台币（约人民币6.4万元），再加上每年的生活费约50万新台币（约人民币10.7万元），一年的总预算约80万新台币（约人民币17.1万元）。如果手上有1100万新台币（约人民币235.1万元）的退休金，每年的投资回报率是7%，每年就可以产生约80万新台币（约人民币17.1万元）的收益。[①] 基于

---

① 为了方便大陆读者的阅读，本书后文涉及的金额如未标注为其他货币单位，均为已转算为人民币。——编者注

个人隐私，我只能说这样的投资回报率，对我而言是轻而易举的，更何况60岁以后每个月还有劳保老年年金可以领。

有了这样具体的退休财务规划，我就毅然决定开始退休生涯。退休至今，已经5个年头了，一切也都照着自己的计划走。这几年我每年都和太太一起去欧洲旅游一次，意大利、捷克、德国以及英国，都已经被我们踏遍了，旅游同伴们还相互组团，明年要去法国南部玩呢。

退休前我的资产配置，除了有一间房子自住外，还有薪资收入。所以除了紧急用款外，其他金额都投入基金里，一半是股票型基金，另一半则是债券型基金。股票型基金我只投资全球型或区域型股票型基金，债券型基金也是全球型投资等级的债券型基金，我绝对不碰高收益型基金。我的投资组合平均年回报率约在10％左右。

退休后，我就将自己的资产分成3份，定存保持3年内会用到的金额，其余金额也是全部投入股票及债券基金，只是比例和退休前不一样，目前债券型基金占70％，股票型基金占30％，这样的组合回报率约为8.5％。因为债券型基金占大部分，所以我目前以富兰克林全球债券基金、联博美国收益基金以及富达美元债券基金为主，外加一点亚洲债券基金。股票型基金有富达欧洲小型企业基金、富兰克林成长基金及富达国际基金。以这样的资产配置状况，在金融风暴时，我也没有抛出持股，最惨时总资产下跌12％，但是1年后不但已经回本，还有小赚哦。

投资前，建议先练好一身金钟罩

我认为，一件事情如果没有胜算的把握，就不要去做，尤其是具有风险性的投资，更应该有充分的准备及了解，才可以进行。投资不是儿戏，动辄上万元的金额，甚至百万元、千万元，都是自己辛辛苦苦赚来的血汗钱，不能不谨慎。我常劝年轻朋友，没弄清楚什么是投资以前，就不要进场，否则只有任人宰割的份。

投资是一辈子的事情，并不急于一时。正确的做法是先把投资理财知识学好，知道自己冒的风险是什么，会有多少回报，以及预先设想最坏的状况。也就是自己一定要先练就一身金钟罩，这时再进入投资险境，就刀枪不入了。

在你开始投资致富的旅程之前，就让我开始陪你修炼自己的金钟罩吧！

第一章

浅谈基本理财观念

很多人没有积极理财，是因为还不知道积极理财的力量；还有很多人抱着似是而非的想法，阻碍了认真理财的行动。其实，理财致富的道理，真的不只是听听消息、看看大盘而已。

1. 有没有理财，最后财富差很大！

一个不会投资理财的人，财富累积只能用加法，一生中所拥有的钱，就是一辈子薪资的总和。一个会投资的人，有了复利的帮助，财富累积就能以倍数增长，金钱累积的速度就会跟滚雪球一样，愈滚愈大。

光想象没有感觉，我举个例子算给你看。

假设小林、小陈和小李三个人都是月薪 3000 元的上班族，这三个人都从 25 岁开始工作，也都在 65 岁退休。先假设这三个人都可以不吃不喝没有任何花费，我们来看看因为他们的投资态度与做法的不同，会对最后的财富造成什么影响。

小林个性老实，每一笔收入都乖乖存起来，最后他可以存到 144 万元；小陈懂得到银行存定期，假定投资回报率为 1%，他 40 年后可以存到 177 万元；小李则是认真工作之余，也认真理财，买了一些投资产品，每年下来平均投资回报率 8%，最后，小李累积的财富超过 1000 万元。

看到这数字的差异了吗？有没有吓一跳？这三个人的收入都一样，也一样认真工作，但小李退休时的财富是小林的 7 倍，是小陈的 5.9 倍。你想当小林、小陈，还是小李？

前面的例子中，小李的投资回报率还只有保守的 8%，如果你能通过有效的投资方法做到回报率 15%，那退休前的财富可就是超过 9000 万元了。谁说没有富爸爸，没有好亲家，就要穷一辈子？不会理财，才会穷一辈子。

若每期均于期末投入一笔相等的金额(pmt)，每一笔金额都会以每期利率(rate)复利增长，其投的期数设为 nper，到了最后一期的期末时这些金额所累计的未来值的公式为：

$$FV = pmt \times \frac{(1+rate)^{nper}-1}{rate}$$

若同样的现金流量都发生于期初，只需要将期末未来值再乘上(1＋rate)就可以了，公式如下：

$$FV = pmt \times (1+rate) \times \frac{(1+rate)^{nper}-1}{rate}$$

表 1－1 是不同的每月月末存款金额与年投资回报率的情况下，40 年之后的本利和，可以让你一目了然地看出差距有多大：

表 1-1　每月存款金额与回报率不同,40 年之后的本利和

单位：元

回报率＼每月存款金额	1000	2000	3000	4000	5000	6000
1%	589891	1179783	1769674	2359566	2949457	3539349
5%	1526020	3052040	4578060	6104081	7630101	9156121
10%	6324080	12648159	18972239	25296318	31620398	37944477
15%	31016055	62032110	93048164	124064219	155080274	186096329

既然投资回报率对未来财富的影响那么大,就应该想办法提升自己的投资回报率。本书从第三章开始,都是在讲如何投资,目的就是希望你能够在可以承受的风险内,尽量提升投资回报率。

学会用钱赚钱,愈老愈好命

如果只会用劳力赚钱,你一生的财富是有限的。因为人是会老的,到了一定年龄就得退休,就没有收入了,只能坐吃山空,除非储蓄够多,否则就只好省吃俭用,吃光了就没有了。因为害怕老本不够,只能清苦过日子。

如果你懂得投资理财的真功夫,学会用钱赚钱就不一样了。用钱赚钱就是每到手的一分钱都会替我们赚钱,就好像有一个分身不必睡觉不用休息,每天 24 小时,一年 365 天随时在帮我们工作一样。(参见图 1-1)

	会理财	不会理财
老年	用钱赚钱 (享福)	吃老本 (清苦)
年轻	用劳力赚钱 用钱赚钱	用劳力赚钱

图 1-1　理财四象限

钱不是人，没有到了一定年龄就得退休的问题，只有本金多少的问题。因为以钱赚钱是用回报率来计算的，所赚的钱是以本金的比例计算，本金愈多当然赚得愈多啰。例如相同的 10% 回报率，有 100 万元本金一年就赚 10 万元；若有 1000 万元，一年就可以赚 100 万元，完全不比百万年薪逊色呢！

所以，只要学会用钱赚钱，就会愈老愈有钱。我最喜欢的比喻就是：当我退休去巴黎旅游，坐在左岸咖啡馆喝咖啡时，我的钱还很努力地在帮我赚钱，这就是用钱赚钱的最佳写照。这种人生，不是非常快乐吗？

怪老子语录

没有富爸爸，没有好亲家，不一定会穷一辈子；不会理财，才会穷一辈子。

下载文件这样算 1 存款与回报率

网址：http://www.masterhsiao.com.tw/Books/978-986-86651-2-5/index.php

下载项目：存款与回报率

图示

	A	B
1	每月月末投入金额	500元
2	年投资回报率	5%
3	年数	40年
4	期末本利和	763010元

计算公式

$$40\text{年之后的期末本利和}=\text{每月月末投入金额}\times\frac{(1+\text{月投资回报率})^{40\times12}-1}{\text{月投资回报率}},$$

$$\text{其中，月投资回报率}=\frac{\text{年投资回报率}}{12}$$

用法

这个电子表格可以让你很清楚地看到每月月末投入金额、年投资回报率与投资年数的关系。以这个表为例，假如你每个月月末投资500元，每年投资回报率是5%，共投资40年，最后可以拿到的本利和就是763010元。

这样算

1. 你每个月月末准备投入多少金额？填入“每月月末投入金额”栏。
2. 你目前每年的平均投资回报率？填入“年投资回报率”栏。
3. 你觉得自己退休前，还有多少年会有工作薪资收入？填入“年数”栏。
4. 你就可以看到电子表格会帮你算出“期末本利和”。

想一想

如果你觉得在退休前累积的这个金额，让你很满意，已经足够你过理想的生活，那就不必太担心；如果这个数字会让你担心退休后或老后的生活，那么，你现在就该积极一点，采取适当的理财行动了。

2. 人生因财务规划而美好

一个良好的理财规划可以让你在一生中的每个时间点都有钱，让你一辈子不缺钱，更不会因缺钱而晚上烦恼得睡不着觉。

看到父母带着子女烧炭自杀的新闻，我的心就很痛；看到穿梭在大街小巷中，推着破破烂烂的三轮车，车上绑着大包小包瓶瓶罐罐与纸堆的老人家，我也为他们感到心酸。仔细一点观察，这社会上还是有很多人备受经济压力的折磨。

人在一生中的不同阶段都有不同的需求或梦想，这些需求往往都需要金钱才能实现。比如说，人们在20岁左右的学生时代，需要学费；步入社会之后需要房租费、生活费；想买车、买房子也都需要资金；想买好一点的表或漂亮衣服犒赏自己，需要钱；想出国旅行增广见识，需要盘缠；30多岁该结婚成家了，需要结婚资金；想生孩子，就需要教育资金（现在很多人不敢生，就是因为没办法支付生养孩子庞大的费用）；人到中年后，不再年轻了，身体零件渐渐出毛病，医药费开始变成主要支出；现在一般人平均寿命将近80岁，如果你的工作够稳定，公司够长寿，很幸运可以工作到60多岁退休，之后还有10多年没有收入、只能吃老本的日子要过。如图1-2所示，这就是你一辈子不同阶段的财务需求，而这也是一个理想的理财规划需要考虑的内容。

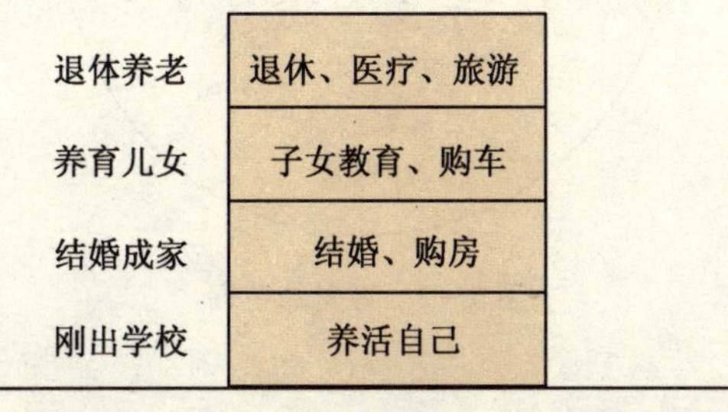

图1-2　人生不同阶段的不同需求

现在，你自己试试看，可以列出属于自己这一生中不同阶段的需求吗？再想想看，你认为这些需求需要多少资金？你要用什么方式准备好这笔资金？如果你开始这样想，那么你已经踏入理财规划的第一步了。

要提醒你的是，理财绝对不等于买卖股票、基金，做做期货，股票、基金与期货都只是投资工具的一种，投资只是理财的一环而已。从字面意义来讲，理财就是管理你的钱财，所有和钱财有关的运用方式，包括收入分配、支出管理、贷款管理、投资管理以及风险管理如人寿、医疗、财产、失能保险等，都应该在妥善的理财规划范围内(参见图1-3)。

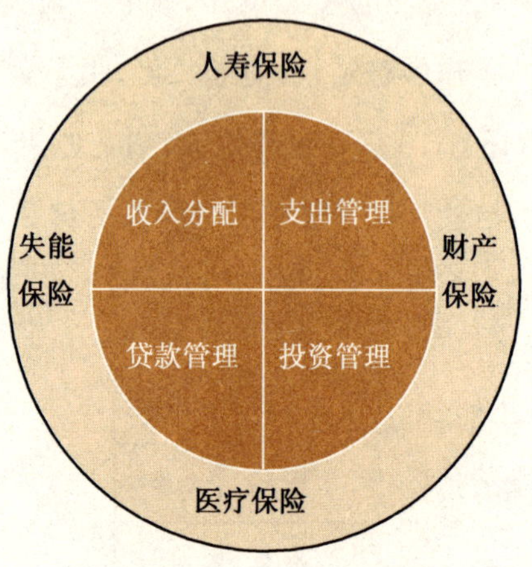

图 1-3　理财的范围

怪老子语录

完整的理财规划，不是只有买股票或基金而已，还包括收支与风险管理。

3. 应该几岁开始投资?

投资其实是和时间在赛跑,愈早起跑的人跑得愈远,也就会愈老愈富有。而且投资理财是以复利计算,时间愈长差距愈大。举例算给你看,就可以清楚地知道,尽早投资比晚投资可以多赚多少。

假设 Mini 和 Peter 每个月都可以投资 500 元,但 Mini 在 20 岁开始投资,Peter 却等到 30 岁才开始,两个人投入资金的时间都是 20 年,换句话说,Mini 的投资时间是 20 岁至 40 岁,Peter 的投资时间是 30 岁至 50 岁。等到两个人 60 岁时,在不同的年化投资回报率情况下,两人分别可以拿到的金额如表 1-2。

如果两个人的投资回报率都一样是 12%,Mini 在 60 岁时可以拿到约 467 万元,Peter 却只有 150 万元(参见表 1-2)。两个人投入的总金额一样都是 12 万元,但投入的时间点不一样,一个比较早投入,另一个比较晚,因为钱还会继续滚钱,所以 Mini

的钱多滚了20年(从41岁到60岁),Peter的钱只多滚了10年(从51岁到60岁),最后的结果Mini的财富就是Peter的3倍多。想想看,如果你是Peter,会不会心里很呕,感觉自己白白丢掉了一个大好的获利机会?

表1-2 关于提早投资与延后投资的比较

单位:元

投资回报率	提早投资未来值(Mini)	延后投资未来值(Peter)
5%	552723	339324
8%	1382149	640220
10%	2543096	980474
12%	4670662	1503828
15%	11568862	2859646

再来看看,当投入的金额和时间都一样,但回报率不同时,又会产生什么影响?另外,当投资回报率为5%时,Mini的财富还不到Peter的2倍;但回报率增加至15%时,Mini的财富变成Peter的4倍多。

上述两者的比较,给了我们一个重要的启示,投资愈早愈好,时间愈久差别愈明显。上天是很公平的,给每个人可以理财的时间都一样多,谁愈早领悟这个道理,愈早将资金投入,收获就会愈大。所以我在很早的时候,就把给女儿的压岁钱以女儿的名字去买基金,现在她们每个人都有不错的积蓄。

投资并没有时间点的限制,也没有所谓的最佳投资时间点,只要有钱就应该尽早投资，即使是小孩，父母有钱也可以帮他们投资，让小孩未来可以拥有的资金，比别人更早开始累积。

怪老子语录

上天是很公平的，给每一个人可以理财的时间都一样多，谁愈早领悟，愈早将资金投入，收获就会愈大。

下载文件这样算 2 愈早投资愈有利

网　址：http://www.masterhsiao.com.tw/Books/978-986-86651-2-5/index.php

下载项目：愈早投资愈有利

图　示

	A	B
1	投资回报率	12%
2	每年投入金额	6000 元
3	投资年数	20 年
4	延后年数	10 年
5	总投资金额	120000 元
6	提早投资未来值	4670662 元
7	延后投资未来值	1503828 元
8		
9	年龄	提早投入
10	20 岁	120000 元
11	21 岁	120000 元

用　法

从这个电子表格可以看出提早投入与延后投入未来投资的结果。以这个表为例，投资回报率为12%，每年投资金额6000元，投资年数20年，那么40年后的未来值为何？

一开始就投资（提早投资）的未来值是467万元，若延后10年才投资，40年后只有150万元。投资金额一样都是12万元，一个只是延后10年才投入，可是结果却是大不同。

这样算

1. 你目前每年的平均投资回报率？填入“投资回报率”栏。

2. 你目前每年可以投入的金额？填入“每年投入金额”栏。

3. 预计投入的年数？填入“投资年数”栏。

4. 假设延后几年才投资？填入“延后年数”栏。

5. 将目前的年龄，填入A11的年龄。（只是为了方便阅读，对试算结果没影响）

6. 填入上述数据后，会立即算出总共投入的金额，以及一开始就投资或延后投资，分别于40年后的投资结果。

想一想

数字明白告诉我们提早投资的好处，你是不是也该尽早投资？

4. 应该存多少钱才能开始投资?

现在,你已经知道:愈早投资,未来收获一定会愈大。但你若真想马上把手头上所有的资金都赶快投入当红的理财产品上。且慢!

我建议少安勿躁,千万不可以手头上一有多余的钱就马上拿去投资。你一定要考虑到:万一临时没工作,或者突然意外受伤,你就会需要一笔备用金。

生活紧急预备金可以分为两个部分:一个是突然失业时的基本生活费用,一定得先存起来,金额最好至少可以撑过 6 个月;至于因预防发生意外所需要的金额,则可以通过保险的方式,将这方面的风险回避掉。

紧急预备金先准备好,才可以开始投资

投资需要准备多少钱?如果你是想投资创业,确实需要一笔

不小的金额，我有个朋友投资开一家超市，我看他至少准备了一两百万元；或者想要跟朋友一起创业，开一家服饰店或咖啡厅，可能都得拿出几十万到一百万元不等。（创业也是一条致富之路，我也曾经创业成功过，但并非本书的讨论重点）

幸好，想参与金融市场的投资活动，金额大小几乎没有限制，即使非常小的金额，也可以参与金融市场的投资活动。金融市场为了让一般大众也能参与投资，投资金额已经都分割成一般人买得起的单位数。

股票就是一个典型的例子。根据股票上市地点和所面向的投资者的不同，我国上市公司的股票分为 A 股、B 股和 H 股等。

其中，A 股是由我国境内的公司发行，供境内机构、组织或个人以人民币购买的普通股票，同时也是流通性较好的股票。据专家统计：2010 年，以上证 A 股市场为例，全年累计成交金额 30.3 万亿元，日均成交金额 1253 亿元。

很多人认为这是一个可望而不可即的数字，其实这些股权都已经被分割成非常小的单位了。以农业银行的 A 股为例，投资人只需 3 元左右就可以买一股。不过，股票都是以 100 为单位的（一般听到的“一手”就是 100 股）。也就是说，您用 300 元钱就可以买一手农业银行 A 股。

另外，定期定额买基金，可能是目前投资门槛最低的投资方式，虽然每家银行规定不一样，但几乎都是每个月 300 元就可以投资了，而且银行还可设定定期直接从账户转账，操作起来很方便。

万一临时有急需，也可以暂时停止扣款。（关于定期定额基金，请参见本书第 18 节）

怪老子语录

紧急预备金先准备好，才可以开始投资。切记切记！

5. 存钱、花钱、投资的黄金比例

现在，你既想投资，又想储蓄，但又觉得一味省吃俭用，人生好像失去好多乐趣。到底存钱、花钱、投资之间的平衡应该怎么掌握？

说到这个问题，还蛮有意思的。我观察上一代人与这一代人的理财经验，发现一件有趣的事，上一代的人，年轻时很节俭，朋友聚餐不敢去，好一点的衣服不敢买，但到老年的时候手头就非常有钱。依我之见，这些人只满足了老年时期的需求，年轻时期却一点生活乐趣都没有。我觉得这样有点可惜，因为年纪大了以后，慢性病缠身，这个不能吃、那个不能吃，已经无福消受美食；体力脚力也不行，根本无缘游览名山胜水；而不再青春的躯体，华服衬托的恐怕只是一声叹息，总之，老年之后才享受，快感与满足感已经大打折扣。

这真的是老一辈的人向往的生活吗？我想一定不是，但有这样的现象，也是有原因的。我想，老一辈的人只会省吃俭用，是因为以前工作机会有限，物资又缺乏，从小就穷怕了，所以很没有安全感，因此，一有机会就努力存钱。再加上以前缺乏理财工具，也没有理财知识，更没有计算机的试算软件，只好按照老习惯，把钱存起来就对了。

现代人就不一样了，讲究的是活在当下。我太太常跟我说："我要现在漂亮，不要到老年才美丽。"仔细想想，这句话真的很对，年轻的时候皮肤、身材都好，衣服和化妆品的效果才能显现，老的时候身材走样又一脸皱纹，穿得再漂亮，也不能穿回年轻时的青春，也不会有人用欣赏的口气说："你今天穿得真好看！"

问题是，年轻时花了这笔钱，就没有办法用来投资，在前面的文章中我也提到过愈早投资愈有利，以及不论有多少钱都应该及早投入，才会钱滚钱，愈老愈有钱。到底该怎么办呢？真是蛮伤脑筋的。

我想最重要的就是要善于规划，否则真的就可能劳苦一生，什么福都没享到，因为有钱就拿去存钱或投资，哪来花和用的时候，到最后倒是存款一堆留给子孙享用。

既要活在当下，同时要能照顾到未来的退休生活，听起来好像还是一头雾水，我们怎么知道要存多少钱才够？每个月或每年可以花多少呢？我听过一种"三三三法则"，就是把月收入分成三等份，1/3 当做生活费、1/3 存银行、1/3 就做投资。但我认为，这个方法已经过时了，这种"大约可以"、"大概够"的规划方法，是因为根本不知道要怎么算才出现的做法。而且，每个人想要的退休生活不一样，每个人的收入与财务需求也不一样，却使用统一的分配比例，这怎么说得通呢？

制定财务目标，就知道如何分配现在的预算

想知道现在的收入中可以花多少、该存下多少、该投资多少，最准确又有效的方式是，先制定一个未来的财务目标。每一个人的生活方式都不一样，所以财务目标当然也会不一样，利用晚上夜深人静时，好好思考一下，希望未来有几个小孩，期待他们可以上大学、研究所，还是去国外留学。考虑目前的收入条件，有哪些东西是一定要有的，例如房子及车子等，以及未来的人生希望怎么过，退休以后要做什么，期望什么时候可以退休。把这些问题想清楚，衡量一下每一个阶段需要多少钱，你的财务目标自然就会浮在脑海中。

财务目标不可以好高骛远，必须是可以达成的才有意义，而且必须是一个可以衡量的数据。财务目标又分短期目标及长期目标，短期目标是一两年内可以达成的。每当达到一个短期目标时，就会特别有成就感，这时可以给自己一个鼓励，例如存款金额达到20万元时去国外旅游一次等，让自己小奢侈一下。

长期目标必须是由许多可达成的短期目标所构成的，这样才会落实，才不会成为空谈。人们对太久远的事情是没有感觉的，总觉得那还很遥远，慢慢就会淡忘掉了。例如你现在25岁，就设定

一个35年后的目标：60岁退休要有500万元。这目标很伟大没有错，只是35年后的事，还很久远，你会有感觉吗？

最好的做法是，最近5年内设立一个短期目标，以及每年设一个当年目标。例如今年预备存2万元，30岁存到人生的第一桶金10万元，35岁要拥有30万元，以及到50岁时可以存够300万元退休。最近5年内的财务目标要愈细愈好，5年后的目标就不用那么严谨，毕竟5年后的变数还很大。

复杂吗？看起来是很复杂，但是有EXCEL当工具，这件事就变得非常容易。你只要输入自己的收入及财务目标，弹指之间，EXCEL就帮我们找到答案了。而且，你还可以清清楚楚地看到每年的财务变化情况。

随着时间的经过，你可以每年微调自己的财务目标，这样除了可以达到未来的理财目标，还可以让自己目前的生活过得精彩，一点都不留白！

怪老子语录

做好财务规划，不但退休后有清福可享，现在的生活还能过得精彩不留白。

6. 如何管好收支，“理”出多余的钱？

理财的起步是做好自己的收支管理，最有效的方式是彻彻底底、绝对不能偷懒地执行下列三个步骤：

1. 编预算：事先计划支出；

2. 记账：事后记录支出；

3. 管理支出：调整支出的习惯。

这三个步骤听起来好像是一家公司的财务管理方法，管理公司财务与管理个人财务，其实观念相通。你只要按照这三个步骤进行调整，一定可以“理”出一笔盈余。

有盈余之后，公司的业绩若要增长，盈余就必须再用来投资，不可以马上配息给股东，把盈余分光光。个人财务与家庭财务也是一样，如果希望资产可以一直往上增长，收入扣除开销之后，剩下的钱就必须存起来，继续投资，资产才会持续增长。

人的欲望无穷，可是拥有的金钱却有限，如果没有事先知道哪些该花，哪些不该花，就很容易透支。想知道每年可以花多少钱，就必须先做年度支出预算，把预算做出来后，每个月可以花多少钱，就全部了然于胸了。

现在，我们就一步一步来学习，怎么做好这三个步骤。

步骤一　编预算

不知道怎么回事，很多人一听到“预算”这两个字，头就昏了，手更懒了，根本不会真的去做这件事。这实在很可惜，但也可以理解。过去没有好的工具，一般人也没这么关心理财，那就算了，现在时代已经不一样，环境变化大，大家都体会到理财的重要性，更重要的是，现在有了超级好用的工具，做预算已经是一件非常容易、几乎不需要伤脑筋的事。

下面提供了一个家庭预算电子表格，给大家参考看看（参见表1-3，下载网址：http://www.masterhsiao.com.tw/Books/978-986-86651-2-5/index.php，下载项为“家庭预算试算”）。我以自己的经验为例，把一个家庭可能的开销，包括衣、食、住、行等各种细项都列出来。（以年轻夫妇的收入每月都在5000元左右的三口之家为例）

这张家庭预算表的好处是，只要在相应的单元格输入数字，这张表会分门别类，自动帮你加总。有了这张表，钱花在哪里，未来每个月要准备多少钱，你都一清二楚。

表 1-3　家庭预算表范例参考

单位：元

类别	项目	项目合计	一月	二月	三月	四月	五月	六月	七月	八月	九月	十月	十一月	十二月
家用开销	电话费和网费	3200	223	260	284	267	267	260	239	387	307	279	217	210
	电费	1978	285		298		316		412		311		356	
	煤气费	448		70		76		69		88		76		69
	水费	266	48		36		48		50		36		48	
	报纸	80						80						
	有线电视费	600						300						300
	伙食费	12000	1000	1000	1000	1000	1000	1000	1000	1000	1000	1000	1000	1000
	日用品	8400	700	700	700	700	700	700	700	700	700	700	700	700
房屋	租金或贷款	—												
	物业费	1800	150	150	150	150	150	150	150	150	150	150	150	150
	房屋修缮	4500	4500											
汽车	汽油费	8400	700	700	700	700	700	700	700	700	700	700	700	700
	汽车保险	3000										3000		
	汽车维修	1000		500						500				
	汽车停车费	6000						3000						3000

续　表

类别	项目	项目合计	一月	二月	三月	四月	五月	六月	七月	八月	九月	十月	十一月	十二月
医疗	门诊	540	45	45	45	45	45	45	45	45	45	45	45	45
	其他医疗	—												
交通费	公共交通费	3600	300	300	300	300	300	300	300	300	300	300	300	300
小孩	学费/保姆	13000		6500							6500			
	小孩补习费	—												
	小孩零用钱	4800	400	400	400	400	400	400	400	400	400	400	400	400
育乐	图书	—												
	餐饮（外食）	5400	450	450	450	450	450	450	450	450	450	450	450	450
	国内外旅游	12000							12000					
	健身运动	—												
其他	交际费	3900		2000			700						1200	
	个人所得税	8400	700	700	700	700	700	700	700	700	700	700	700	700
	保险费	4000		4000										
	杂费	—												
合计		107312	9501	17775	5063	4788	5776	8154	17146	5420	11599	7800	6266	8024

为了方便大家了解预算，事先做好准备，我还设计了每个月的现金支出金额，让你可以预先知道，什么时候会需要多少现金支出（图 1－4）。

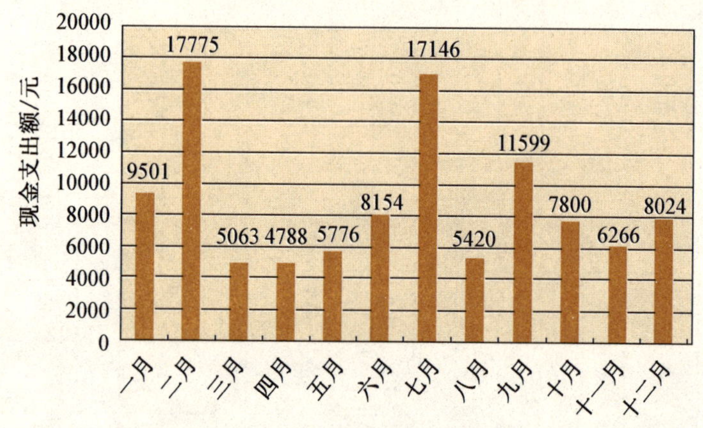

图 1－4　每月现金支出

预算不会一次就能做好，一定需要反复修正好几次。第一次做好预算后，你可能会发现支出金额过高，就要删减预算，至于要从哪里下手，这问题只有你自己知道答案。因为你自己的开销，自己最清楚轻重缓急在哪里。基本上，先从奢侈的预算项目开始删减，例如国外旅游以及昂贵的 3C 用品可以先砍，然后继续检查其他支出项目，想一想是否必要，如果可有可无，就立即删除。

现在你可以根据自己的情形，预估每一个费用项目需要的金额，一笔一笔填上去，这就是属于你自己的家庭预算表。

步骤二　记账

预算是你自己事先的规划，实际上的花费多少会和预算计划不一样。所以，除了事先编列支出预算之外，最好也要养成事后记账的好习惯，才有办法根本解决问题。否则花费是否过多都不知道，又要如何节制呢？你看每家公司都有会计部门，大公司的财会部门阵容非常强大，你就知道公司想赚钱，要花多少人力与精力在财务管理这件事情上。既然你已经下定决心，要成为有钱人，对日常花费的记账，也不要偷懒。

这里提供一个"日记账"的工作表(网址：http://www.masterhsiao.com.tw/Books/978-986-86651-2-5/index.php，下载项为"家庭预算试算")，你可以直接下载使用，把自己的每笔消费金额都记下来。

每个月自己一定要确实检查一遍，观察实际的执行状况，然后对照一下你之前做的支出预算，拿"预算表"和"日记账"资料相对比，看看自己有没有超出预算。如果的确超支，也可以看到是哪一个项目超支，然后最好在下一个月就补回来，否则洞会愈破愈大，到最后就很难补回来了。

步骤三　管理支出

管理支出，简单说就是，把自己的"日记账"和"预算表"核对之后，如果有出入的地方，就要赶快调整自己的花钱行为。

的确，不能确实执行预算计划是很多人的通病。很多人预算做得很漂亮，实际执行时还是看到什么就买什么，马上就把预算计划丢到脑后，之前还很认真一笔一笔编列支出预算，但没办法控制花钱的欲望，一切计划马上都泡汤。这让我想到一句化妆品的广告词："天下没有丑女人，只有懒女人。"在理财这件事上，不能致富的最大问题，倒不是懒惰，而是意志力薄弱。换句话说，就是致富的欲望还不够强烈。

前言中提到过，我在40岁左右被班上的首富同学深深刺激到，所以我真的很想理财、很想致富，于是我给自己定了一个"戒律"：没有预算就不能花。没错，是"戒律"！遵守戒律对教徒来说，是一件多么神圣、严肃的事，我就是用守戒的态度，一心追求财富。当然，我是一个勤奋、认真生活的善良老百姓，而不是那种为了致富不择手段、不顾一切的人。所以，除了必要的生活费省不下来以外，每一笔额外的花费，尤其是高额消费，我都要先想是预算内还是预算外，就是这种决心，使我才确实存到钱。这都是为了要"理"出闲钱，进一步可以投资、用钱赚钱的必要准备！

怪老子语录

没有预算就不能花，只有这样，才能存到钱，才能进一步做投资，从而开始执行用钱赚钱的聪明理财计划。

下载文件这样算 3 家庭预算试算

网址：http://www.masterhsiao.com.tw/Books/978-986-86651-2-5/index.php

下载项目：家庭预算试算

用　法

这个 Excel 下载项目有三个工作表(预算表、日记账、分类账)，在这里先点选“预算表”，各种收支项目已经分门别类好了，你只需要将表格里的数字改成自己的数据就可以了。

这样算

1. 建议你可以复制一个新的 EXCEL 工作表。

2. 然后删除 D2—D33 所有数据，只保留合计一列，再一一输入自己的数据。

3. 输入数据前，可以先收集去年的电费、水费、煤气费、电话费等账单，然后再根据缴费日期，将每笔金额分别输入到相应月份的单元格。

想一想

如果没有这些预算，你如何知道每年要花多少钱，或者哪一部分预算要多，以及要省哪些钱？

下载文件这样算 4 日记帐

网址：http://www.masterhsiao.com.tw/Books/978-986-86651-2-5/index.php

下载项目：家庭预算试算

图　示

日　期	项目	金额(元)	备注
2010-9-1	电费	312	
2010-9-2	报纸	6	

续 表

日 期	项目	金额(元)	备注
2010-9-4	公共交通费	50	
2010-9-6	个人所得税	200	
2010-9-7	保险费	260	
2010-9-8	日用品	100	
2010-9-11	水费	45	
2010-9-12	报纸	10	
2010-10-4	汽车油费	700	
2010-10-9	大楼管理费	150	
2010-10-12	公共交通费	71	
2010-10-13	小孩零用钱	50	
2010-10-15	报纸	10	
2010-11-3	煤气费	60	
2010-11-5	伙食费	900	

用 法

这个工作表附在“家庭预算试算”下载项目中，只要把每笔消费输入这个工作表，第三个工作表“分类账”就会自动把账目分门别类。

1. 点选清单中(蓝色框内)任意单元格。
2. 由最下方列(＊)增加一个消费纪录。
3. 项目栏必须由下拉选单选择一项。
4. 使用前先清除范例的记录。

这样算

1. 每笔消费日期？填入“日期”栏。
2. 利用下拉选单于“项目”栏，选择一个吻合的项目。
3. 每笔消费金额？填入“金额”栏。

想一想

有了这些消费记录，就可以很清楚地知道钱到底花到哪里去了。

7. 只想买低风险高报酬商品？醒醒吧！

现在，我假设你一步都没偷懒，也非常有决心，一定已经理出一笔钱了，恭喜你，现在可以开始用钱赚钱的聪明计划了。我也非常替你开心，这是一个很重要的起步。在其他人还是月光族的时候，你比他们更早觉醒、更有纪律、更有行动力，也一定有更大机会达到你的目标。

不过，在你准备把辛辛苦苦赚到的血汗钱、实实在在一点一点省下来的资金掏出去之前，再听我一言，这是非常重要的提醒，我不希望你抱着错误的、天真的想法投入投资市场，而摔得鼻青脸肿。

投资一定有风险，有时赚钱，有时亏损。大部分的人都害怕风险，所以国人也偏向风险极小的定存，摒除风险较大的投资标的。这样的结果，原因可以归纳为下列两点：

1. 不了解回报率对未来影响极大；

2. 不知道风险是可控管的。

举例来说，如果你每个月月末都有 1000 元可以投资，投资年数 30 年，在回报率不同的情况下，30 年之后，你拥有的本利和如表 1-4 所示。

表 1-4　每月月末投资 1000 元，不同回报率 30 年之后的本利和（约数，未精确到小数点后）

回报率	30 年后的金额（万元）	风险
1%	42	低
2%	49	低
3%	58	中
4%	69	中
5%	83	中
6%	100	中
7%	122	中
8%	149	中
9%	183	中
10%	226	中
11%	280	高
12%	349	高
13%	437	高
14%	549	高
15%	692	高
16%	875	很高
17%	1110	很高
18%	1411	很高
19%	1798	很高
20%	2297	很高

从表1－4可以看出，2％和20％投资回报率30年后的结果，两者相差了约46倍：

2％投资回报率：30年后是49万元。

20％投资回报率：30年后是2297万元。

如果让你事先知道未来的差距会这么大，你应该会比较勇敢地去选择高报酬的投资标的才对。你也许会说，回报率15％以上的投资商品风险很高，如果有那种没有风险，但是又能有高回报率的商品，你一定会投资。

我就老实告诉你，这是不可能的事，投资学很清楚地告诉我们，只有承担风险才有更多报酬，千万别梦想有高报酬低风险这回事。这当中的道理很简单，如果有高报酬又低风险的商品，一定有一堆人抢着去投资，众人抢购的结果就会推升那个投资商品的价格。该商品的价格往上推升之后，回报率自然就会下降。而且，这个情况会一直存在，直到回报率回到应有的水平为止。

我女儿小时候看到在高楼上工作的建筑工人，看起来好像随时风一吹就会掉下来的样子，女儿问我，为什么他们要做那种工作，难道不怕有危险吗？我告诉她，并不是他们不怕危险，而是家里需要用钱，有危险的工作报酬会比较多，所以他们选择那种工作。试想如果有风险的工作和没风险的工作相比，两者报酬都一样的话，那么有风险的工作一定会缺工，结果是管理者一定得提高薪资，直到缺工问题解决为止。

一般人天生就不喜欢风险，投资与工作一样，只要有风险就必须提供较高的报酬，否则不会有人选择的。相对于无风险的报酬，多出来的报酬就称为“风险溢酬”，是用来补偿承受风险的报酬。所以说，高风险才有高报酬，此乃天下不变的真理。

了解“不入虎穴，焉得虎子”的道理后，知道唯有高风险的商品才有高报酬，就赶紧冲去有风险的地方，也不是正确的做法。光有愚勇是不行的，还必须了解如何管理风险。

自己调整风险与报酬

其实，风险与报酬之间的关系，从某种程度来说像音响一样，是可以调整风险与报酬的配对的。只要通过资产组合的搭配，你就可以有效调整风险与报酬的大小，让风险可以依自己能承受的程度进行调整。

目前国内可以投资的项目非常多，股票、债券、基金、房地产、定存、黄金、外汇等都属于投资范畴。只要慎选投资产品并了解资产配置原理，让风险控制在某种程度，就能够让我们在可承受的风险范围之内，获得适当的报酬。（资产配置原则请参见第四章）

也许你会有疑问，究竟什么程度的风险是可以承受的，什么程度的风险又是不可承受的？简单说，万一投资失利会让自己的日子过不下去，就是不可承担的风险。举个例子来说，一个 30 多岁的年轻人，工作几年后有了 10 万元的积蓄，这时他把这笔积蓄“全部”拿去做风险性投资，万一全部套牢或赔光，他还有工作收入，家庭生活不至于发生问题，这个风险就是可以承担的。

而一个50多岁的老年人,如果把“全部”的退休准备金都投入高风险高报酬产品,万一出状况,家里马上就要断炊,加上这个年纪也不容易找工作,所以这种风险,对他来说就是无法承担的。2008年爆发金融危机时,听说很多银发族一辈子的退休老本,一夕缩水,有人承受不住,跳楼一求解脱。这就是非常不幸的例子。

总之,有投资就有风险,重要的是,你要清楚自己能承受多少风险。我是一个很谨慎的人,我一定是把自己与家人的基本生活都照顾好,才敢把多出来的钱拿来投资,并做好资产配置规划,把风险控制在我能承受的范围。

怪老子语录

高风险才有高收益,此乃天下不变的真理。

8. 保险很重要，但不要保错了

好了，你现在已经有一个很棒的财务计划，也非常谨慎地执行各项细节，不管是花费、存钱还是投资，每一件事都做得稳稳当当，心想，这辈子就安心了，甚至连小孩的一辈子都得到周密的保护了。

事实上，这可不一定，我不是要当乌鸦，只是想告诉你真相。前文提过，投资有投资的风险，其实，人生还有其他风险。

这些人生中的意外风险，你从社会新闻都可以看到，一旦有人意外去世，身后往往还有未成年的小孩与年老的父母，老迈的双亲对着镜头老泪纵横、茫然无助地哭诉：以后不知道该怎么过……还有人突然生了大病，需要长期住院，这时不但可能要付一大笔医保不给付的费用，连收入也暂时中断。这段期间，又该怎么熬过去呢？

在保险还没有发明之前，人们就只能祈祷这些意外不要发生，一旦发生了也只能由个人与家庭来承受。但现在有了保险这种商品，就可以使风险由整体保险人共同分担，而不再是一人或一家承担。

当风险发生时，看起来好像是由保险公司来支付理赔金额，但这些钱严格说来并不属于保险公司，而是所有保险人所缴的保费，保险公司只是管理人而已。保险公司做的事就是，管理所有保险人所缴的保费，再支付理赔金给发生风险的个别保险人。

保险公司并不是社会福利机关，而是营利机构，自然会控制出险比例。举个例子，某保险公司推出一个保单，保险人每年保费缴1000 元，如出意外可以得到 100 万元的保险金。看到这个数字，我马上就可以算出每年因为意外出险的比例一定小于千分之一，否则保险公司收的保费将不够理赔，就会赔本。

为什么？我算给你看就知道了。如果有 1 万人投保，那么保险公司每年就可以收到 1000 万元的保费。这 1 万个保险人里面，一年内如果有超过 10 个人出险，保险公司就要赔超过 1000 万元，这样保险公司当然就要赔本了。反过来说，只要少于 10 个人出险，保险公司就赚了。所以说，保险公司只是集合其他未出险的保险人保费，支付给出险的保险人而已。

有保险就不会恐惧未来

虽然说这是那么简单的一件事，但意义却非常重大，也就是说，你可以用 1000 元买到 100 万元的保障。这依靠的就是保险人之间的“互助”行为，保险公司只是中间的管理者，负责保险人招募、保费收取、保费管理以及出险理赔等事项。但是管理这些事情需要成本，所以保险公司收取必要的费用也是合理的。

那么保险到底要保什么呢？简单来说，你担心什么，就去保什么险，也就是关心人生中许多的万一。

万一自己发生不幸：当你已经结婚生子，小孩还小时，小孩需要有钱来抚养长大，这时就该保定期寿险。万一房屋发生火灾：好不容易才买得起的房子，得花一大笔钱重建，就该替房屋保火险。万一生病住院：不想住健保病房（指由台湾“健保局”承担所有费用的医院普通病房），就得买住院医疗险。万一得了癌症：想要负担起高昂的医药费，就该保癌症险。

有了保险这项商品，风险的成本得以转嫁，由所有的保险人共同承担。有了这样的机制，我们应该善用保险，像金钟罩一样将自己的未来保护好，免除未来万一出险所带来的损害，如图1－5所示。

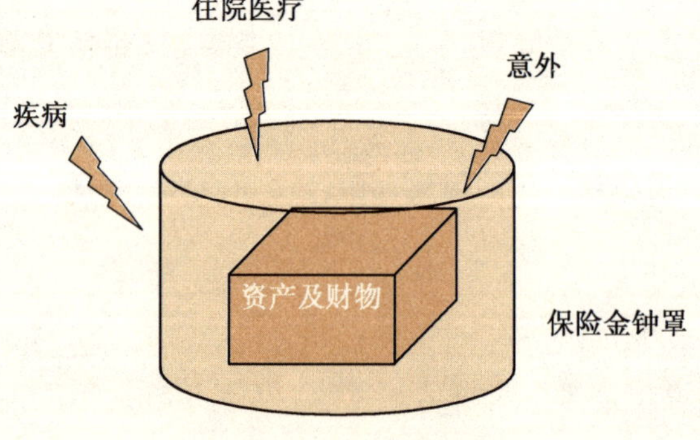

图1－5 保险金钟罩

常听到许多人说："我也想有保险，但就是没有多余的钱来缴保费。"这句话真是错大了，想想看，没钱买保险的人，万一出状况，那不是更惨吗？一下子生活便陷入困境。有钱人才真的不需要保险，像鸿海董事长郭台铭或宏达电董事长王雪红，万一出险，他们所拥有的财富，让家人再吃三辈子都没问题，所以不保险也没关系。

因此，愈没钱的人愈需要保险。而且保费其实没有你想象得那么贵，一般人都是因为买的不是真正需要的保险，才会觉得贵。一般保障型保险是很便宜的，只有储蓄险才会特别贵。我们需要的是保障，并不是储蓄。一个20年的100万元定期险，一年的保费也不过3000元左右，很少人买不起。

关于保险，还有一件很重要的事，千万不要等到出险或即将出险时才想到保险，这时候保险公司是会拒绝承保的。再次强调，保险公司不是慈善机构，也不是福利机构，不会好心照顾可怜的人。古话说得好：不要等到发现漏水时，才要修屋顶，这个时候就已经太晚了。在做财务规划时就该把风险考虑进来，这样保险才会发生效用。"天有不测风云，人有旦夕祸福"这句话虽然是陈腔滥调，但却非常符合现实。未来会发生什么事，我们不会知道，但是有了保险，就可以让我们免除担忧，不再恐惧未来。

怪老子语录

愈没钱的人愈需要保险。有了保险，就不必恐惧未来。

第二章

投资前，先搞懂这些关键数字

想做好理财投资，一定会碰到一堆数字，你看得懂这些数字的意义吗？知道怎么应用在你的投资决策上吗？钱掏出来之前，先搞懂比较保险。

9. 为什么钱会愈来愈少？都是通胀惹的祸！

之所以要积极理财，还有一个重要的原因，就是当你完全不管钱包里的现金或是银行存款时，你的钱会因为时间的关系，变得愈来愈少。

举个例子，30 年前一碗牛肉面不过 2 毛钱，现在却要 10 元。这就是因为有通货膨胀的问题，物价愈来愈高，钱就愈来愈不值钱。现实的状况就是，只要经济向上增长，就无法避免通货膨胀，你只有选择与通胀共舞，没有逃避的余地。解决的办法，就是彻底了解什么是通货膨胀。

如果想知道通货膨胀的程度，了解两个时间点物价的差异，可以看财政部的消费者物价指数（CPI）。图 2 - 1 就是我国 1978 年到 2010 年的居民消费价格指数。

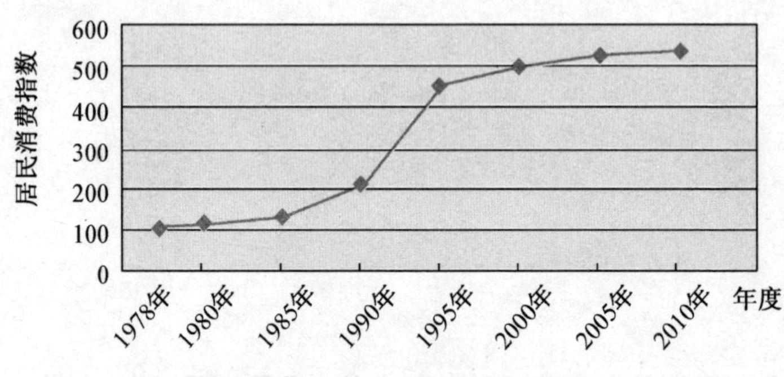

图 2-1　我国居民消费价格指数(1978—2010 年)

若将 1978 年的居民消费价格指数视为 100,则 2010 年我国的居民消费价格指数为 536.2。这就意味着从 1978 年至 2010 年,物价上涨了 4.36 倍。

值得注意的是,由于我国各类商品权重不合理,导致我国 CPI 存在被严重低估的现象。

事实上,根据《北京物价志》、《上海价格志》、《广州物价志》上所载明的 1978 年商品的价格,当时大米、面粉大约是 0.17 元/斤,蔬菜约为 0.05 元/斤,猪肉约为 0.82 元/斤,鱼约为 0.2 元/斤。

与此相比较,2010 年上述食品的价格,大约上涨了 10～20 倍。其他商品的价格,除了家用电器类价格上升幅度较小外,也大都在 1978 年的 10 倍以上,其中医疗、教育、住宅更是涨幅惊人,达到数十倍乃至上百倍的涨幅。

通过直接对比商品价格,大体上可以作出这样的判断:以 1978 年 CPI 的权重计算,32 年间 CPI 上升了 15 倍左右。

通货膨胀就是物价指数愈来愈高，也就是物价愈来愈高，也可以解释为购买力愈来愈弱。

以前物价的涨跌只要看资料就可以了解，但是未来的物价就只能用估算。生活中的许多支出都是发生在未来，例如小孩的教育费用是十几年后的事，用现在的金额来估算就显然会低估。退休基金所需预估的时间又更久远了，三四十年后的费用又要如何评估呢？

要估算未来的物价可以用下列公式：

【估算未来物价的公式】

未来物价＝现在物价×(1＋通货膨胀率)^{年数}

◎用 Excel 公式来表示

未来物价＝现在物价＊(1＋通货膨胀率)^年数

注 1：在 EXCEL 中，"＊"代表"×"，"^"代表"次方"。

注 2：本书应用许多 EXCEL 运算功能，再复杂的运算，都能弹指间轻松算出答案。要注意的是，如果在 EXCEL 中输入计算式，在第一个数字之前都要先输入"＝"符号。

注 3：建议第一次应用 EXCEL 财务公式的读者，可以先参考第 186 页的 EXCEL 财务功能操作说明。

通货膨胀率和投资回报率的赛跑

以小孩的教育费用为例，"现在"每年需要 3 万元，按 2010 年的通货膨胀率 4.9％计算，那么 15 年后就会膨胀到：

$$30000\times(1+4.9\%)^{15}=61483\text{ 元}$$

也就是 15 年后必须准备 6 万多元，才相当于目前 3 万元的水平。了解消费者物价指数就等于了解了通货膨胀，利用消费者物价指数就能很顺手地处理这类问题，让你可以预估未来所需的费用金额。

既然现实生活中存在通货膨胀，那么膨胀速度有多快呢？每年的物价会以什么样的速度往上飙？也就是通货膨胀率到底每年是多少呢？要了解这个问题，只要看每年财政部物价统计报告中的“消费者物价指数年增率”就知道了。

表 2-1 就是从 1981 年至 2010 年的消费者物价指数年增率，可以清楚地看出，这 30 年来并不是每年的物价都是上涨的，当中起起落落最高 24.1%，最低出现－1.4%，就是说有些时候物价还是下跌的。

表 2-1　1981—2010 年消费者物价指数年增率

年　度	居民消费价格增长率(%)	年　度	居民消费价格增长率(%)
1981 年	2.4	1990 年	3.1
1982 年	1.9	1991 年	3.4
1983 年	1.5	1992 年	6.4
1984 年	2.8	1993 年	14.7
1985 年	9.3	1994 年	24.1
1986 年	6.5	1995 年	17.1
1987 年	7.3	1996 年	8.3
1988 年	18.8	1997 年	2.8
1989 年	18.0	1998 年	－0.8

续　表

年　度	居民消费价格增长率(%)	年　度	居民消费价格增长率(%)
1999年	−1.4	2005年	1.8
2000年	0.4	2006年	1.5
2001年	0.7	2007年	4.8
2002年	−0.8	2008年	5.9
2003年	1.2	2009年	−0.7
2004年	3.9	2010年	3.3

从消费者物价指数年增率来看，1981—1997年的物价处于平稳的增长趋势，1998年以后的物价增长速度比较缓慢，并且出现了负增长的趋势。

面对购买力下降问题的解决之道，就是要让存下来的钱也可以增长，也就是要让钱自己去赚钱，而且增长的速度还必须比通货膨胀率快才行。金钱的增长必须靠投资，投资金额的增长速率称为投资回报率。投资回报率与通货膨胀率两者一直在相互竞争，就看哪一个跑得比较快。只要投资回报率高于通货膨胀率，购买力不但不会减少，还会增加。

怪老子语录

投资回报率要战胜通货膨胀率，钱包里的钱才不会缩水。

10. 怎么知道你的投资划不划算？你要会算投资回报率

说到投资，当然啦，可以投资的商品很多，而且看起来，股票还是很多人的最爱，所以最重要的是，要怎么选出帮你赚钱的公司。先想一下，你能不能回答这个问题：有一家公司1年赚了1000万元，你认为，这家公司的经营绩效好吗？这个问题很重要，如果你觉得这家公司经营绩效好，一定会想投资它，跟着分享它的获利；如果你认为一点都不好，当然就不想投资它。所以，要买一家公司的股票之前，你要先学会：怎么评估一家公司赚不赚钱。

回到这个问题，就我的经验来说，大部分的人可能一听到1000万元，会觉得“还不错”，甚至“很好”。事实上，正确答案是“不一定”，因为，赚了多少还得与资本额（投入金额）比较才算数。

比方说，一个1000万元资本额的小公司，1年赚了1000万元，相当于1个资本额，那真是个了不得的成绩。但如果是一家目前资本额是100亿元的大型企业，一年赚了1000万元，只不过是0.01%的回报率，这样的绩效就是奇差无比了。

投资一定要求获利，而衡量投资绩效最好的指标就是“投资回报率”。投资回报率是一种比例，也就是获利金额与投入金额的比值。

例如，投入100万元赚了10万元，代表赚到的钱是投入金额的1/10，回报率就是10%。投入100万元，赚了100万元，代表赚到的钱和投入金额一样多，回报率就是100%。

所以，这是你衡量投资绩效的一个重要参考标准，最好学会自己算。投资回报率的计算公式是：

【投资回报率的公式】

投资回报率＝获利金额/期初投入金额

画个图给你看看，是不是比较清楚？请参考图2-2。

现在，举个例子来说，你拿出10万元投资某个商品，年底时该商品价值变成12万元，那么，这笔投资的投资回报率就是20%，其算法如下：

先求出获利金额　→12－10＝2万元

获利金额/期初投入金额　→2/10＝0.2

换算成百分比就是20%

投资回报率=获利金额/期初投入金额

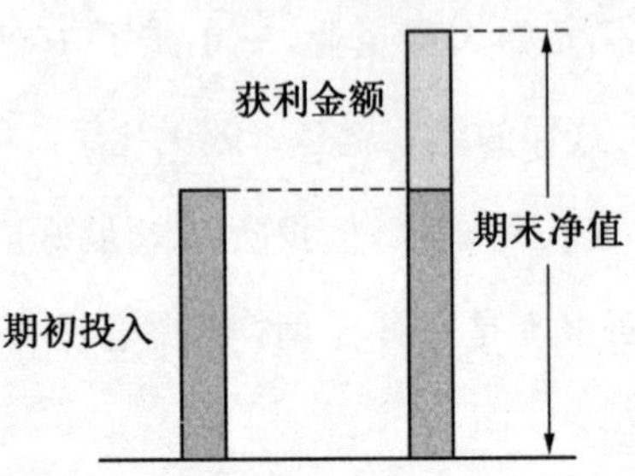

图 2-2　投资回报率等于获利金额与投入金额的比值

你也许会问，如果不小心投资亏损的话，也有投资回报率吗？当然，只是这时候的投资回报率就会变成负数。比如说，你一样拿出 10 万元，最后年底只剩下 8 万元，那么这笔投资的回报率就是 -20%，算法一样：

先求出获利金额　→8-10=-2 万元 获利金额/期初投入金额　→-2/10=-0.2 换算成百分比就是-20%

投资回报率是投资理财中的一个关键数字，对你未来整体的理财规划影响非常巨大。如果你不知道这个数字的意义，就不会知道怎么调整你的投资组合，或是判断你的投资决策，而你想要用钱赚钱的计划，很可能会最后变成一场空。

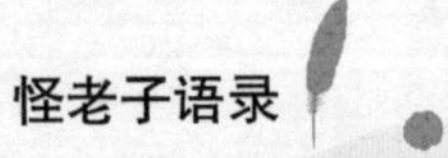

怪老子语录

投资一定要求获利，而衡量投资绩效最好的指标，就是投资回报率。

11. 两笔投资，哪一笔较好？你要懂“年化投资回报率”

现在，我要再问个问题，让你动动脑筋。

有个基金公司的理财经理，很热情地要介绍 A 与 B 两样投资商品给你，他告诉你：A 商品每 1 年可以赚 20%的回报率，B 商品则是 3 年可以赚 20%，你会买哪一种商品？

你心里想，既然两个投资回报率都是 20%，应该没什么差别吧。但因为你比较喜欢 B 商品，所以你选了 B。小心了，其中的差别大了。面对这个问题，想作出明智选择，你要知道什么叫“年化投资回报率”。

一般谈到的投资回报率(包括前一篇文章讲的)都是所谓的累积回报率，是拿整个投资期间的开始与结束时的净值来计算，并没有考虑到投资时间的长短。例如投入股票型基金 10 万元，只要期末净值为 12 万元，累积回报率就等于 20%，不论你投入的期间是

1个月、1年或3年。

但是，1年可以赚20%，与3年可以赚20%，3年后的价值完全不一样。如果一项投资每年都可以赚20%，那么第2年、第3年都继续赚20%。

到底差多少？我马上算给你看看。B商品3年可以赚20%，等于3年的累积回报率是20%。但A商品1年可以赚20%，如果投资1元，3年后就会得到1.728元，即1×(1+20%)×(1+20%)×(1+20%)=1.728，相当于3年的累积回报率是72.8%。

两种回报率，3年后就会相差72.8%−20%=52.8%，差别是不是很大？同样一笔资金，你当然要选投资回报率比较高的商品了！

所以，如果现在有人要卖你两个商品，告诉你A商品1年可以赚20%，B商品3年可以赚20%，你现在很清楚，应该要选A商品了吧。

再提醒一次，在进行投资判断的时候，不能只看累积回报率，必须换算成年化回报率，对投资绩效评比才有意义。

另外，上述的例子还可以说明一个重要的概念，就是“复利”的概念。1年的回报率有20%，经过3年的复利，就会有72.8%的累积回报率。反过来说，如果3年有72.8%的累积回报率，那么其年化回报率就等于20%。(复利的概念很重要，本书第12节将专门说明)

银行年利率是一种年化回报率

还有哪些地方会用到年化回报率的概念呢？

银行的年利率就是年化回报率的一种，把钱存银行，银行会根据利率支付我们利息，这是比本金多出来的钱，就可以视为获利。所以将钱投资在银行定期存款，银行所提供的利率，就是投资者的投资回报率。

相反的，如果向银行贷款，是我们要付利息给银行，银行就变成投资者，我们所支付的利率也就成为银行的投资回报率。例如一消费性贷款年利率为 8%，期间为 3 年，意思就是银行投资这笔贷款，投资回报率为每年 8%，总共可以赚 3 年。

既然银行的年利率也是年化回报率的一种，就可以和一般投资股票或债券基金的年化回报率来相互比较。也就是说，当银行调升利率的时候，有部分不愿冒风险的投资者，会将投资在股票的金额移到银行定存。反之，当银行利率调降的时候，投资者因为对银行提供的回报率不满意，就会解除定存，将资金挪移到回报率较高的投资标的上。

因为整个金融体系都是以复利在运作，而复利所用的利率就是年化投资回报率，可是我们投资股票或基金，银行的对账单都只有现在的净值，顶多是多了累积回报率，那么又该如何由期末的净值，或者是累计的回报率得知年化回报率为多少呢？

这个问题，我再换个方式来问各位。

James拿了10万元去买基金，两年后，以12万元卖掉了这只基金，从中获利2万元，占了投资本金的两成，投资回报率为20%。另外，Peter拿了20万元也买了1只基金，1年后以23万元卖出，净利3万元，也就是投资回报率15%。那么，你觉得整体的投资绩效是James好？还是Peter好呢？

因为投资时间不一样，James的投资期为2年，而Peter的投资期只有1年，所以不能直接比较。这就好像你去市场买菜，有一摊说2斤20元，另一摊说1斤15元一样，我相信你的立即反应一定是：将2斤20元换算成1斤10元来相互比较。要注意的是，投资回报率不可以直接用算术除法，而必须用年化回报率的公式来计算：

【年化回报率的公式】

$$年化报酬率=\left(\frac{期末净值}{期初投入}\right)^{\frac{1}{年数}}-1$$

◎用EXCEL公式来表示

年化回报率=(期末净值/期初投入)^(1/年数)-1

我们来算一下James和Peter的年化回报率，才能知道谁的绩效比较好。

James的期末净值为12万元，期初投入为10万元，年数是2，所以James的年化投资回报率就要这样算：

年化回报率=(12/10)^(1/2)-1=9.54%

而Peter的投资回报率本来就是1年15%，当然是比James的1年9.54%还要好。

现在，有另一家银行的理财经理又跑来找你，他告诉你：有一个投资机会，必须投入100万元，可以赚30万元，你要不要投资？

很多人一听到30%的回报率可能觉得不错，马上就想掏出钱来投资，不过相信精明的投资者（或是细心在读这篇文章重点的你）就会发现，这个问题大有玄机：就是没说"多久"可以赚30万元。如果明年就可以赚到30万元，当然就很好；但如果这30万元要等到20年后才能赚到，相信多数人就不愿意投资了。

现在你已经知道了，投资回报率必须与"投资时间"相关连才有意义。那么20年累积回报率30%，又相当于每年多少回报率呢？可以利用前面的公式这样算：

年化回报率＝(30%＋1)^(1/20)－1＝1.32%

你想想，这就相当于，如果你把100万元投资在年利率1.3%的银行定存上，20年后也可以拿回130万元，一样有30%的投资回报率。这样的投资，就不怎么吸引人了吧。所以说，将不同商品的累积回报率，全部以年化回报率来表示，不同的投资标的才可以相互比较。现在，赶快把银行的基金对账单拿出来看看，上面记录的都是累积回报率，自己算一下，这笔投资的年化回报率到底是多少？

如果觉得上述公式太麻烦，也可以直接到我的网站上下载年化回报率试算表格，就可以算出年化回报率，你只要填入数值，立即就会计算出答案。

怪老子语录

投资回报率必须与“投资期间”相关连才有意义。

下载文件这样算 5 年化回报率试算

网址：http://www.masterhsiao.com.tw/Books/978-986-86651-2-5/index.php

下载项目：年化回报率试算

图　示

	A	B
1	期末/期初⇒累计回报率及年化回报率	
2	期初投入金额	100000 元
3	期末净值	120000 元
4	年数	2.3 年
5	累计回报率	20%
6	年化回报率	8.25%
7	累计回报率⇒年化回报率	
8	累计回报率	30%
9	年数	20 年
10	年化回报率	1.32%

用　法

当知道期初投入金额和期末净值，或者累计回报率是多少时，立即可以知道年化回报率是多少。

1. 以10万元投资基金，2.3年后该基金净值是12万元，这样的累积回报率为20%，相当于每年8.25%的年化回报率。

2. 有一项20年期的投资，只知道累计回报率30%，这样相当于每年1.32%的回报率。

这样算

1. 你一开始投入某一基金的金额是多少？填入"期初投入金额"栏。

2. 到现在为止，该基金的净值是多少？填入"期末净值"栏。

3. 总共投资几年？填入"年数"栏(可用小数点)。

想一想

这样的投资回报率你是否满意，跟银行定存比起来多了多少？

12. 想学巴菲特滚雪球原理赚大钱，怎么能不懂复利？

备受投资人尊敬与推崇的股神巴菲特，靠价值投资哲学赚得令人称羡的财富。他的投资方法有个妙喻“滚雪球”，真的非常贴切。

简单说，滚雪球原理有两个重点：一是找到值得抱的雪球，也就是价值被低估的好公司；二是滚雪球的跑道要够长，就是买进之后长抱不卖，每年不断累积获利，雪球就会愈滚愈大。

滚雪球原理应用的就是威力强大的复利概念。想学巴菲特赚大钱，你一定要懂什么是复利。但在认识复利之前，我还是先讲一下单利的概念。

单利计息是把本金与利息分开

单利和复利是金融机构计算利息的两种方式，目前的金融机构大多混合采用单、复利的计算方式，因此，投资人必须要清楚两者的用法与意义，才能对财务知识有更深一层的了解。

单利的计息方式是本金与利息分开，也就是本金归本金，利息归利息。不论时间长短，用来计算利息的本金，是不会改变的。

例如银行存款的年利率为 5%，你存入本金 10 万元，不论存款期间是 1 个月、1 年或 3 年，都是用 10 万元的本金来计算。这三个期间的期末本利和，也就是本金加利息，分别如表 2－2 所示。

表 2－2　10 万元本金三个不同存款期间的本利和

单位：元

期间	本金	利　息	本利和
1 个月	100000	100000×(5%/12) ＝417	100000×(1＋5%/12) ＝100417
1 年	100000	100000×5%×1 ＝5000	100000×(1＋5%×1) ＝105000
3 年	100000	100000×5%×3 ＝15000	100000×(1＋5%×3) ＝115000

这个例子说明年利率 5%，10 万元的本金，每年会产生 5000 元的利息，3 年会产生 15000 元的利息，是 1 年的 3 倍；当然，1 个月的利息就是 5000 元的 1/12。从这里也可以看到，单利产生的利息是以线性在增长。

如果金融机构都以单利来计算利息的话，那么存款人选择愈短的存款期限愈有利，因为拿到的本金加利息，可以合并再拿去存，下一次的本金就变大了。

例如，现在年利率5%，存款1年可以拿到5000元的利息，假如只存半年，虽然半年只有一半的利息2500元，但是将半年后的本利和102500元，再拿去银行存半年，期末时就会得到：

102500×[1+5%×(6/12)]=105063元

上、下半年分2笔去存的利息总共是5063元，比起一次存1年的5000元利息，多了63元。

你有没有发现，条件都没有改变，总存款期间还是1年，年利率还是5%，本金也还是10万元，计息方式也一样都是单利，唯一不一样的是，一种是一次性存1年，一种是分两次存，每一次存款期间为半年。分成两次存款，就可以得到较高的利息。因为半年后所拿到的本利和102500元，可以当做下半年的本金去计息，所以总利息当然比一次存款高了。

聪明的投资人知道单利存款的期间愈短，期末的本利和就会愈高，银行为了让投资大众不必进进出出分多次存款，可以一次存久一点，于是就采取复利的计息方式。

复利的本金会随期数垫高

复利的意思就是每次到期后的本利和，会自动当做下一期的本金继续计息，也就是每期的本金，会随着经过的期数愈垫愈高。复利的公式如下：

【复利的公式】

$FV=PV\times(1+r)^n$

FV 为期末本利和，PV 为期初本金，R 为每期利率，n 为年数

写成中文的算式就是：

期末本利和＝期初本金×(1＋利率)^{年数}

◎用 EXCEL 公式来表示

年化回报率＝(期末净值/期初投入)^(1/年数)－1

再用上面的例子来看看什么是复利，本金 10 万元，年利率 5%，存款 1 年，每年复利 1 次，1 年后的本利和：

$$FV=100000\times(1+5\%)^1=105000\text{ 元}$$

但是，并不是每年都只有复利 1 次，银行的定存每个月就会计息 1 次，所以相当于每年复利 12 次。如果每年复利 m 次，上述复利公式就可改成通用形式：

【复利的通用公式】

$$FV=PV\times\left(1+\frac{R}{m}\right)^{m\times n}$$

如果每个月复利 1 次，那么 1 年后的本利和就等于：

$$FV=100000\times(1+5\%/12)^{(12\times1)}=105116\text{ 元}$$

复利其实是自然界的一种现象，人口增长也是复利的一种，如果每年人口出生率为 3%，那么 5 年后的人口就是现在的 1.16 倍，计算如下：

$$(1+3\%)^5=1.16\text{ 倍}$$

复利的威力就在于每年所产生的利息或报酬，会继续当成下一期的本金，持续投资下去。也就是把赚到的钱，再继续投入，这样只要时间一久，金额就会增长得很快。这也就是巴菲特的滚雪球原理。

表 2－3 是期初本金 10 万元，不同回报率和不同年数对期末本利和的影响。看看 16％那一栏（最右边），期初投入的 10 万元，到第 5 年时才不过约 21 万元；可是，到 20 年时已经将近 200 万元；到了 30 年更是飙到将近 860 万元。换句话说，如果你现在拿出 10 万元，投资在一个回报率 16％的商品上，30 年之后，10 万元会变成 860 万元。想想看，如果把这笔钱存在银行，你是不是亏大了？

表 2－3　不同回报率和不同年数对期末本利和的影响

单位：元

回报率 / 年数（年）	2％	4％	6％	8％	10％	12％	14％	16％
1	102000	104000	106000	108000	110000	112000	114000	116000
5	110408	121665	133823	146933	161051	176234	192541	210034
10	121899	148024	179085	215892	259374	310585	370722	441144
15	134587	180094	239656	317217	417725	547357	713794	926552
20	148595	219112	320714	466096	672750	964629	1374349	1946076
25	164061	266584	429187	684848	1083471	1700006	2646192	4087424
30	181136	324340	574349	1006266	1744940	2995992	5095016	8584988

另外，你还可以看到两种回报率在复利的作用下，时间愈久，差距愈大的效果。表 2-4 列出期初投入 10 万元，分别投资在 2% 及 15%两种不同回报率的商品，经过数年后本利累积后的结果。我们可以看到，1 年后的本利和，一个是 10.2 万元，另一个是 11.5 万元，两者只相差 1.3 万元。但经过 40 年后，投资回报率 15%的结果是 2678.6 万元，而投资回报率 2%的结果却只有 22.1 万元。两者相差的金额竟高达 2656.5 万元。

表 2-4　2%及 15%回报率，投资不同年数的结果

单位：万元

年数(年)＼回报率	2%	15%
1	10.2	11.5
5	11.0	20.1
10	12.2	40.5
25	16.4	329.2
30	18.1	662.1
35	20.0	1331.8
40	22.1	2678.6

看到这里，你一定就明白，为什么投资回报率在投资理财中是这么重要了，既然志在致富，当然要找投资回报率较高的投资机会了。

怪老子语录

用复利计息的理财方式，就能让钱滚钱，获利惊人。

下载文件这样算 6 本利和试算

网址：http://www.masterhsiao.com.tw/Books/978-986-86651-2-5/index.php

下载项目：本利和试算

图示

	A	B
1	期初投入	100000 元
2	投资回报率	16%
3	年数	20 年
4	每年复利次数	1 次
5	期末未来值	1946076 元

用法

这是以单笔金额计算，可以了解期初单笔投入的本金，于不同回报率和不同年数对期末本利和的影响，而且还考虑每一年的复利次数。

以图示例子说明，投入 10 万元于某一基金，若该基金平均每年回报率为 16%，20 年后预计该基金净值应可以增长至 194 万元。

一般银行均采取每月复利 1 次，也就是每年复利 12 次计算，但是基金投资用每年复利 1 次即可。

这样算

1. 你一开始投入某一基金的金额是多少？填入“期初投入”栏。
2. 预计该基金平均每年回报率为多少？填入“投资回报率”栏。
3. 总共投资几年？填入“年数”栏(可用小数点)。
4. 投资种类是定存还是基金？银行定存“每年复利次数”栏填入 12，其他种投资填入 1。

13. “72 法则”是什么?

学到复利观念之后,现在来讲“72 法则”。不过,在开始解释之前,我先说个自己身边的小故事。

有一次,我遇到一个 70 多岁的老妇人,她知道我在教人怎么自己算各式各样的投资机会,她笑着对我说,她现在除了拥有一栋自住的房子之外,还有约 200 万元可以动用的资金。我从她满足的笑容中知道,她对自己存到的老本,应该是满意的。我也笑着对她说,如果交给我来投资的话,我有办法在 10 年内,将 200 万元变成 400 万元。

她用很不可思议的表情看着我,但我可没说谎,这是真的做得到的。我当时在心中快速用“72 法则”计算了一下,我知道,只要投资 7%回报率的商品,10 年就可以翻一倍了。

究竟“72 法则”是什么意思呢?“72”这个数字十分神奇,只要将 72 除以投资回报率,就是资产翻一倍所需要的时间。换句话说，10 年要翻一倍，就是 72÷10＝7.2，也就是 7.2％的投资回报率就可以做到，我说得简单一点就是 7％左右。

再举一个例子，你自己来算算看。把 10 万元投资在年回报率 15％的基金，资产要增长为 20 万元，需要几年？

对了，把 72 除以 15，也就是 4.8 年，资产就会由 10 万元以复利增长至 20 万元。

“72 法则”隐含的是一个复利的概念，投入一笔钱之后，每一期的本利和再成为下一期的本金，如此累计下去，一定会有本金翻一倍的时间。

我们可以用复利公式（参见上一节中的复利公式）来检验一下是否正确。

一般算式为：

$100000 \times (1+15\%)^5 = 201136$ 元

以 EXCEL 表示就是：

100000＊(1＋15％)^5＝201136 元

你也可以发现，“72 法则”所计算出来的结果是约值，并非精确数字。但你只要运用简单的除法，不需要复杂运算，就可以得到复利的答案，实在太方便了，所以才想介绍你了解这个法则。简单地说，“72 法则”是计算资产翻一倍需要几年。所需要的年数愈少，资产翻倍的速度就愈快，资产增长的速度当然就愈快。

有些人认为，“72 法则”是基金公司用来诱骗投资人购买基金的骗术。其实不然，这只是简单的数学，无关欺骗或广告不实。真正要关心的是，基金真的有15%的投资回报率吗？若确实有15%的投资回报率，要面临什么样的风险？要充分了解报酬与风险的关系，进而管理风险才是正途，而不是一味地规避风险，到最后吃亏的还是自己。

从“72法则”也可以了解到，为什么有钱人会愈来愈富有。因为有钱人之所以会有钱，就是懂得如何用钱去赚钱。等到有钱以后，就一直翻倍下去，用钱去滚钱的赚钱方式，速度之快令人难以想象。

怪老子语录

“72法则”让你可以根据回报率简单算出：需要多少年，财富就能增长一倍。

14. 常用的现值、未来值概念，你最好知道

我先假设两个问题。

第一个问题：如果有人要向你借 10 万元，答应 5 年后还你 12 万元。如果这个人不是你的结拜兄弟，也不是你的姐妹淘，你想的只是划不划算而已，那你要不要借出这 10 万元呢？

回答前，再想一下我要问的第二个问题：如果你现在将这 10 万元投资于回报率 16％的股票型基金，每年复利 1 次，5 年后的基金净值会变多少？

如果你自己会算第二个问题，把答案拿来和 12 万元相比，一定可以很容易就知道，到底借他划不划算。

未来值，让你看到未来的价值

上面这两个问题用到了两个投资学上的概念，就是“未来值”与“现值”。如果你自己会算这两个数值，以后遇到类似的问题时，

就可以很清楚地做决定。

先来介绍“未来值”，也叫“终值”，未来值的意义是指：现在有一个金额PV(现值)，投资在回报率为R的商品上，经过n期的复利后，所得到的价值，就称为未来值(FV)。其公式如下：

【未来值的公式】

$FV = PV \times (1+R)^n$

◎以EXCEL公式表示如下：

FV=PV *(1+R)^n

所以，现在来试着回答前面的第二个问题：如果现在将10万元投资于回报率16%的股票型基金，每年复利1次，5年后基金净值会变成多少？套进未来值的公式，其中，PV就是现值10万元，R就是回报率16%，n就是5，算式就是：

$$FV = 100000 \times (1+16\%)^5 = 210034 \text{ 元}$$

以EXCEL公式表示：

FV=100000 *(1+16%)^5=210034元

也就是说，在16%回报率的条件下，这10万元的资金，5年后的未来值是210034元。而前面提到的那个人要向你借10万元，5年后只能还你12万元，如果你把钱借给他，能拿回来的钱就少了9万元，不是很亏吗？

另外，未来值也应用在银行业的“本利和”。举个例子，将10万元存在银行，利率3%，5年后可以拿回本金加利息，一共会是

115927 元。换句话说，在 10 万元本金、3%利率的情况下，5 年后的未来值是 115927 元。EXCEL 算式是这样的：

FV=100000*(1+3%)^5=115927 元

现值，让你知道现在的价值

未来值既然是货币的未来价值，那么“现值”(PV)顾名思义就是现在的价值。现值在投资学上应用得非常多，尤其在年金的部分，所以不可不知。

现值主要用来解决一个问题，就是当知道 n 年之后的一笔金额 FV，在回报率为 R 的条件下，这笔金额现在到底值多少钱？其实现值就是利用未来值来反推，所以现值的公式如下：

【现值的公式】

$$PV=FV/(1+R)^n$$

◎用 EXCEL 公式表示

PV=FV/(1+R)^n

因为之前已经了解未来值的算法，所以现值的公式应该不难理解，而要如何应用现值观念才是一门学问。

举个例子就会更清楚，有一家金融机构 A，愿意一年后支付一笔 10.5 万元的现金给你，但是要你现在先付 10 万元才行。

这时你就要想，一年后才拿得到的 10.5 万元，现在到底值不值得以 10 万元去换呢？你想到和银行定存来比比看，如以 2011

年一年期整存整取的银行利率 3.5%来计算，1 年后的 10.5 万元，现在值多少钱？

用 EXCEL 公式得到：

PV＝105000/(1＋3.5%)^1＝101449 元

这个意义就是，在银行定存，一年后的 10.5 万元，现在的价值是 101449 元；相当于现在得用 101449 元，才换得到银行一年后的 10.5 万元。仔细想想，拿钱去“交换”不就是“买”吗？所以换成另一种讲法，银行一年的 10.5 万元定存单，现在必须要花 101449 元才买得到，而这家 A 金融机构一年后的 10.5 万元，却只要 10 万元就买得到，就是比银行定存要便宜啰。

现值与利率通常是一体两面，如果不习惯用现值来算，也可以换算成年利率，再来比较。所以，如果现在要用 10 万元去换取一年后的 10.5 万元，利率会是多少？其实公式一样，只是我们现在要求的数字是利率。所以，算法如下：

因为 $FV=PV\times(1+R)^1$

所以 $R=FV/PV-1$

$R=105000/100000-1=5\%$

也就是说，这家 A 金融机构提供 5%的存款利率，让投资者现在可以用 10 万元，来换取 1 年后的 10.5 万元。

另外，因为利率不同，相同的未来值及期间，利率愈高，现值就愈小。换句话说，相同的未来值，现值愈低，利率也就愈高。以 A

金融机构的例子来看，未来值 10.5 万元，在利率 5%的条件下，现值是 10 万元；同样的未来值 10.5 万元，若利率降低为 1%，现值则会增加为 103960 元(参见图 2-3)。

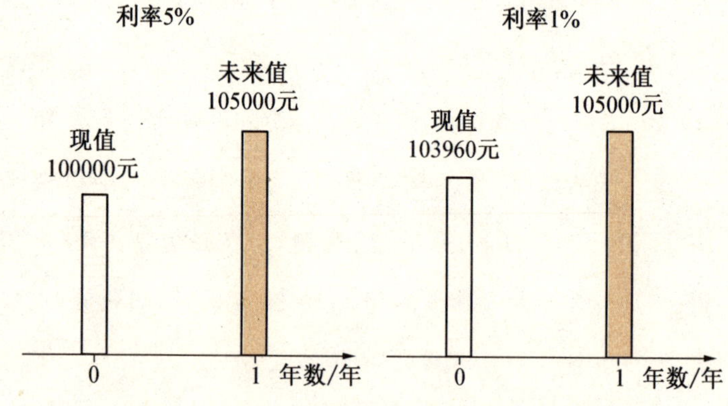

图 2-3 未来值与时间相同，利率越高，现值越小

再回到本文第一个问题的假设，有人要向你借 10 万元，答应 5 年后偿还 12 万元。如果你愿意借给他，就代表 5 年后的 12 万元，现在的价值是 10 万元。

在答应这笔借款前，应该先了解利率(回报率)是多少？如果划算，你才会愿意出借，要计算利率可以用 EXCEL 的 RATE 函数(详见附录二中的“回报率函数”介绍)，立即可以算出是 3.7%，详细计算如下：

RATE(5,0,−100000,120000)=3.7%

因此，5 年后的 12 万元，在利率 3.7%的条件下，现值为 10 万元。

3.7%的利率，也就是你的年化投资回报率。这个绩效是不是让你可以接受？如果觉得偏低，当然就可以毫不犹豫地婉拒了。

另外，现值也可以应用在评估通货膨胀后的实际购买力，例如每年通货膨胀率为2%的条件下，10年后的100元，相当于现在的多少？

套用EXCEL公式：

100/(1＋2%)^10＝82元

这就是说，如果现在82元可以买到的东西，10年后就必须100元才买得到，所以10年后的100元和现在的82元是等值的。也可以这么说，如果通货膨胀率是每年2%，10年后的100元，现值是82元。

用现值观念计算股票价值

现值应用于单笔现金流量的情况比较少，绝大部分都是多笔的现金流量，也就是年金的形式。例如有一只定存股，预估未来3年，每年都可以收取3元的配息，且3年后股票可以每股40元卖出，那么现在这只股票多少钱可以买？要回答这个问题，就是计算这只股票未来所有的现金流量，其现值的总和就是这只股票的价值。

举个简单的例子，有一只股票提供了3笔未来值，而且每一笔的期间都不一样，我们要如何求得现值呢（也就是股票目前的价值）？最简单的方式就是，把一笔一笔个别未来值换算成现值加起来就可以了，只是必须先知道投资回报率，才有办法求出现值。

假如年化回报率是10%：第一年的3元配息、时间1年，现值=3/(1+10%)^1=2.727元；第2年的3元配息、时间2年，现值=3/(1+10%)^2=2.479；第3年的3元配息加股价40元、时间3年，现值=43/(1+10%)^3=32.307元，全部加起来，即2.727+2.479+32.307=37.51元。

这个37.51元就是这只股票目前的价值，用这个价钱来买，每年就会得到10%的回报率(参见图2-4)。

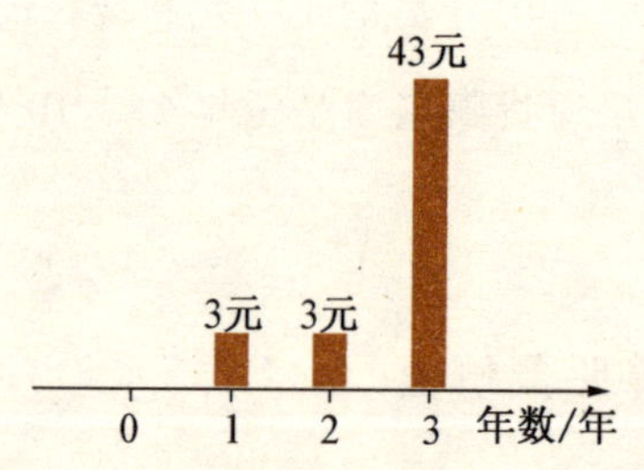

图2-4　从配息与未来股价，算出现值

这个算式的结果就是说，如果你要求的回报率为10%，那么这样的股票值得每股以37.51元去买。用另一个角度讲，如果这只股票以每股37.51元买入，且每年配息及未来股价如图2-4所示，那么年化回报率就是10%。

由以上的计算知道，若设定不同的投资回报率，就会得到不同的现值。若要计算不同回报率条件下的现值，就得一一去计算，实在是太麻烦了，你可以利用本书提供的EXCEL表格，试算一下，在不同的投资回报率条件下，看看其现值如何。

表 2－5 是根据前面的例子已经计算好的结果：一个投资回报率对应一个现值。反过来说，知道现值也可以由表 2－5 查出投资回报率为多少。若这只股票目前的市场价格是每股 30.87 元，未来每年可配 3 元，3 年后可以 40 元卖出，也就隐含着其年化投资回报率为 18%。

表 2－5　投资回报率与现值的关系

投资回报率	总现值(元)
5%	42.72
6%	41.60
7%	40.52
8%	39.48
9%	38.48
10%	37.51
11%	36.58
12%	35.68
13%	34.81
14%	33.96
15%	33.15
16%	32.36
17%	31.60
18%	30.87
19%	30.16
20%	29.47

未来值、现值在投资理财上的应用非常多，例如股票、债券的

价格评估以及退休规划与保险等都会用得上，是一个非常重要的工具，值得多花一些时间去了解。第一次看，难免觉得陌生，没有关系，慢慢多看几次，看懂了，一辈子都用得上。

怪老子语录

现值与未来值的高低，与利率息息相关。

下载文件这样算 7 年金现值范例

网址：http://www.masterhsiao.com.tw/Books/978-986-86651-2-5/index.php

下载项目：年金现值范例

图　示

	A	B
1	每期金额	3 元
2	到期金额	40 元
3	年数	3 年
4	投资回报率	10%
5	总现值	37.51 元

用　法

由未来每年可拿到的金额，以及到期的金额，可以用期望投资回报率推算其现在的价值。

以图示中的例子来说明，有一只股票预计每年配发 3 元股利，3 年后股价 40 元。若以投资回报率 10% 来看，这只股票的总现值是 37.51 元。也就是现在进场以每股 37.51 元买入，每年获得股息 3 元，3 年后以 40 元卖出，这样算出来相当于每一年的投资回报率为 10%。

这样算

1. 预计股票每年配息多少？填入“每期金额”栏。
2. 预计投资年数？填入“年数”栏。
3. 到期后预计股价多少？填入“到期金额”栏。
4. 预计平均投资回报率是多少？填入“投资回报率”栏。

15. 看现金流量，马上知道钱包变大变小

再来介绍一个投资理财中常常会用到的现金流量的概念。

每一项投资都会产生一笔或多笔的现金流量，通过这些现金流量的评估与衡量，可以很清楚地知道，该项投资的结果是好还是坏。而所谓的现金流量，就是在投资期间的不同时间点所发生的“现金流出”或“现金流入”。

“现金流出”是指投资人拿出现金，注入该项投资，也就是现金从投资人口袋里拿出来；“现金流入”是指该项投资的获利或配息，回流到投资人的口袋里。所以现金流量有流出与流入两个方向，在计算时会分别以正数及负数来表示现金流量的方向，“正数”代表现金由投资项目“流入”投资者的钱包，“负数”代表现金由投资者的钱包“流出”至投资项目(参见图 2－5)。

例如有一项投资，期初投入了 10 万元，一年后结束投资，总共拿回了 12 万元。所以这笔投资的现金流量是：期初现金流出 10

万元，一年后现金流入 12 万元。利用公式立即可算出投资回报率（120000/100000－1＝20％）。

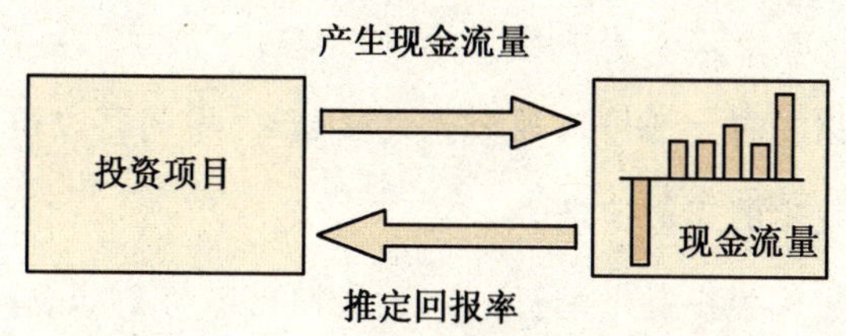

图 2－5　投资项目与现金流量的关系

上述的投资项目可能是投资股票、基金或银行定存的结果，也可能是把钱拿去借给别人，以收取利息作为报酬。无论这是什么类型的投资项目，只要知道现金流量的金额、方向以及发生时间点，就可以知道这项投资项目的回报率是多少。

通常一项投资不会只有单笔现金流量发生，大部分是多笔的现金流入及流出，比较常见的是期初有一笔现金流出，之后定期会有多笔现金流入。

例如，期初以每股 8 元买入 1 手(100 股)中国石化 A 股，一年后领到配息每股 0.07 元，再过一年以每股 9 元卖出。现金流量说明如表 2－6：

表 2－6　投资 1 手中国石化 A 股

产生流量原因	现金流量(元)
买入股票	－800
配息	7
卖出股票	900

EXCEL 提供了一个非常好用的内部回报率函数(IRR)(参见附录二),只要将现金流量代入,就可以立即知道回报率是多少。用 EXCEL 的公式来表示现金流量{-800,7,900},EXCEL 规定两边必须以左右大括号将现金流量括起来,中间再以逗号来分隔每一期所发生的现金流量。

上述案例中投资中国石化 A 股的回报率为 6%,算法如下:

IRR({-800,7,900})=6%

EXCEL 的 IRR 函数提供了相当方便的回报率的计算方法,不论是单笔或多笔的现金流量,只要会用数字描述,就可以使用这个函数来计算回报率。

每两个逗号之间为一期,而且一期的时间可以是任何的期间,1 个月或 1 年甚至更长的时间,所计算出来的回报率,就是一期的回报率。以上述的例子是每 1 年为 1 期,所得到的答案 6%就是年回报率;如果现金流量是以 1 个月为 1 期,那么计算出来的就是月回报率,要换算成年回报率,必须再乘上 12 才正确。

由现金流量可以算出投资项目的投资回报率,所以投资前想要了解该项投资的好坏,就是先评估未来现金流量是否可行,只要现金流量确定,其他问题都好解决。

这也就是为什么现金流量在投资理财中具有举足轻重的地位。一项投资的现金流量就好像人的血液流动,医生通过把脉即可知道一个人的身体状况。投资也是一样,通过对现金流量的评估，就可分辨该项投资是否可行。

怪老子语录

稳健且畅通的现金流量，是投资成功的关键因素。

第三章

投资工具不必多，做对就灵

投资工具琳琅满目,但最重要的是要了解投资工具的特性,还有投资工具的风险与报酬,才能知道怎么合理出价、怎么把握进出时间,才能确保你的投资一定稳赚,毕竟,没有人想要瞎忙一场吧!

16. 选择基金不如研究指数

我的一个朋友告诉我，在台湾的投资市场上可以买到的股票与基金超过 1000 种，一下子真是不知该如何下手。好不容易选了一只基金，绩效一开始也不错，但没过多久，就发现基金绩效似乎每况愈下，一去了解才知道，原来是基金经理人换了。这时又得重新选择一只基金，实在很麻烦。

我给他的建议是，与其耗费时间筛选比较好的基金，还不如直接去研究各种指数，然后购买追踪该指数的交易型开放式指数基金(ETF，Exchange Traded Fund)。ETF 是一种蛮有趣的商品，实质上是一只指数型基金，但表现又像一只股票，可以在证券交易所买卖，交易过程也和股票一样，可以融资、融券、零股购买。

在这里就顺便讲一下，ETF 的前身是指数型基金。指数型基金的绩效虽然与指数相同，但毕竟是一只基金，有许多交易上的限制。例如当你想要申购一只基金时，没办法立即确认买到的净值是多少，必须等到次日才知道，这是因为在购买基金时，申购价格是以当日收盘的净值计算，并非购买时的盘中基金净值。在赎回基金时也是一样，赎回价格是以赎回次一日的基金净值来计算的。指数型基金的另一个缺点是无法融资、融券，所以相对的流通性就弱了许多。

由于指数型基金有上述缺点，于是美国华尔街的金融机构就将指数型基金包装成股票一般，使得目前所有股票的交易，都可以直接对应上来，变成 ETF，所以指数型基金可以算是 ETF 的前身。

指数较少受人为因素影响

指数代表一个国家、一个地区或一个产业区块随着时间的变化情形。投资指数不会有基金经理人是否适任的问题，也不用考虑个别股票的涨跌，只要该国家、地区或产业区块的指数会增长，投资代表该国家、地区或产业区块的 ETF，也就一定会赚，投资指数型基金，道理就是这么简单。

如果你想要了解全球的股市状况，就去观察全球市场指数(MSCI World Index)；想要了解美国股市，就去看看标准普尔 500 指数(S&P500)；想要了解中国的股市，可以去研究中证的沪深 300 指数(CIS300)。如果你对中国 A 股市场长期看好，只要投资沪深 300 指数的 ETF，就一切搞定。

当一个区域的经济持续增长时，其经济会一年比一年好，该地区的股市行情就会长期看好，例如巴西、俄罗斯、印度及中国，都是属于这种类型的国家。新兴市场的经济增长速度，一般来说都是比较快的。

发达国家的经济状况一般都具有稳定增长的特性，例如美国及欧洲的国家等，虽不会有惊人的涨幅，却能稳定持续地往上涨。要小心的是，有些地区，长期下来经济都没有起色，或者股市行情总是起起落落，长期看不到增长的趋势，投资这种地区的股市，到最后也是一场空。日本就是一个典型的例子，日本经济处于低迷状况已经十几年，其股市也反映了该国的经济状态，日经平均指数上上下下就是一直飞越不过3万点。

经济增长与一个国家的股市息息相关，只要一个国家的经济持续增长，基本上该国家的股市就会持续往上升。不过，对于股票市场，每个人的看法不一，总有人过度乐观及悲观，所以上下波动也属正常。一般来说，发达国家的股市比较理性，投资者也以专业投资者居多，所以波动通常会比较小。

适合长线投资的线型，必然是往上的趋势

只是各式各样的指数那么多，要如何看待这些国家或地区的指数，有哪些适合长期投资呢？其实，指数的线型会说话，适合长线投资的线型，必然是往上的趋势，虽然也会上下波动，但是会一波高过一波，一波一波往上推。例如MSCI的世界指数、S&P500的指数及MSCI欧洲指数，基本上都是属于这种趋势向上的类型。

所以，只要长期看来，指数的线型如图 3-1 所示，就是值得长期投资的标的。

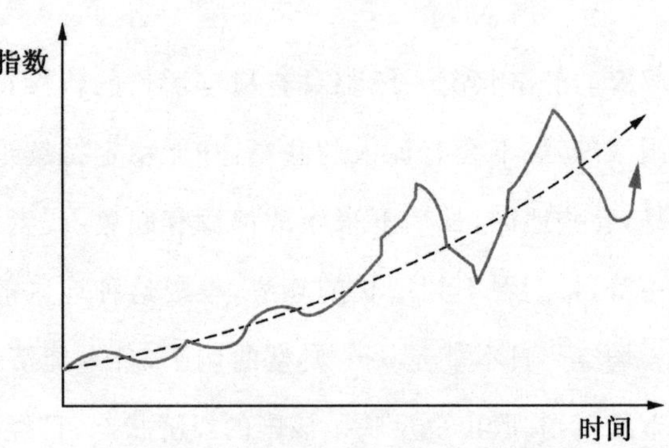

图 3-1　适合长期投资的指数线型

有些地区的指数虽然是上下波动，却看不到往上的趋势，以图 3-2 的趋势来看，其趋势似乎是平的。日本就是当中的代表，这样的指数线型，只适合波段操作，并不适合长期持有。

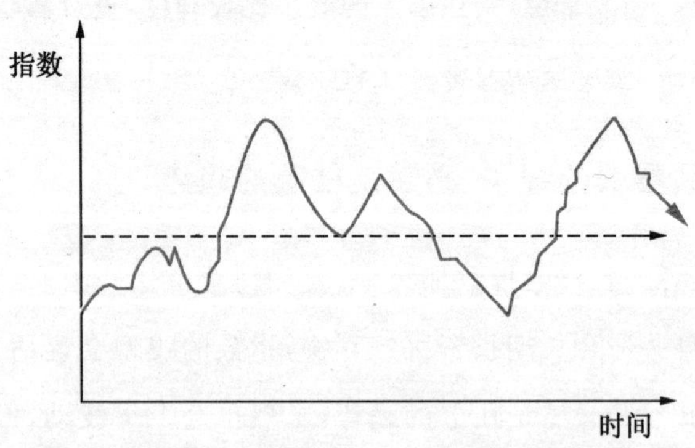

图 3-2　不适合长期持有的指数线型

若以稳定性来说，投资一个区域要比投资单一国家相对平稳，虽然投资一个区域的投资回报率比投资单一国家低，但相对不用承担较大的波动风险。投资发达国家的股市，也比投资新兴市场的报酬要少，但是风险也较小。风险与报酬并存，高风险、高报酬永远是投资的铁律。

基金公司通常也会使用这些指数当做对比指数，比如投资美国的基金，就会使用S&P500指数来比较其绩效。如果以全球为标的的基金，最常用的就是MSCI的世界指数。可见这些指数足以代表该地区的股票市场行情，直接买这些指数的ETF，既简单方便，又有绩效(参见图3－3)。

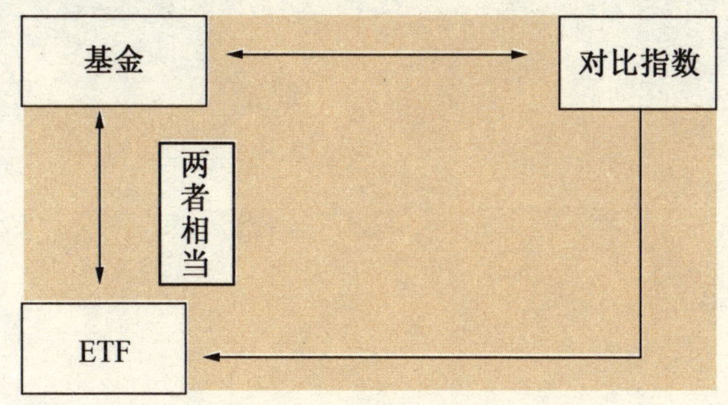

图3－3　基金、指数与ETF关系

所以，我觉得投资指数是一种稳健的长期投资方式，利用ETF来投资股市是最好的投资方式之一。而且，因为ETF属于被动式的管理，所需要的费用也比一般基金低廉。表3－1是中国大陆ETF与一般股票型基金的管理年费率比较，可以看出每年大约相差了1%，数目虽小，但是长期以复利计算下来，也是一笔不小的数字。

表3-1　ETF与股票型基金的管理年费率比较

	ETF	股票型基金
基金管理年费率	0.3%～0.5%	1.0%～1.5%

怪老子语录

指数型基金要挑对，向上趋势的才适合长期持有。

17. 定期定额策略＋微笑曲线，最适合做短线

我个人的投资方式比较偏好简单的买进持有策略，做好资产配置之后，就长期投资。只是，如果我能遇到不错的时机，也会偶尔做短期波段操作，就当做是赚一点零用钱。

我研究各种投资商品时，发现股市常常会有非理性的上涨及下跌，每当股市疯狂往下跌的时候，就是我赚取零用钱的最佳时机，能够确保赚钱的原因，主要在于所谓的“微笑曲线理论”。

什么是微笑曲线呢？当股市在空头时期，而且加权指数[①]已经跌到一定程度的时候，只要加权指数在一两年之内，有机会回到现在的点数，就可以利用定期定额的方式投资，会有令人微笑

① 加权指数：又称加权股价平均数，是根据各种样本股票的相对重要性进行加权平均计算的股价平均数，其权数(Q)可以是成交股数、股票总市值、股票发行量等。——编者注

的获利。

如图 3-4 所示的 U 形微笑曲线，很像前宏碁董事长施振荣先生当年所提的微笑曲线。由于台湾企业长期重视制造能力，但赚的都是辛苦的低毛利，当时施先生强调企业应该重视研发与营销的价值。我很尊重施先生，绝没有想盗用他的智慧财产的意思。因为这个曲线形状的关系，为了方便理解与记忆，我选用了相同的“微笑曲线”四个字，来解释我在股票短期下跌期间的股市操作方法而已。

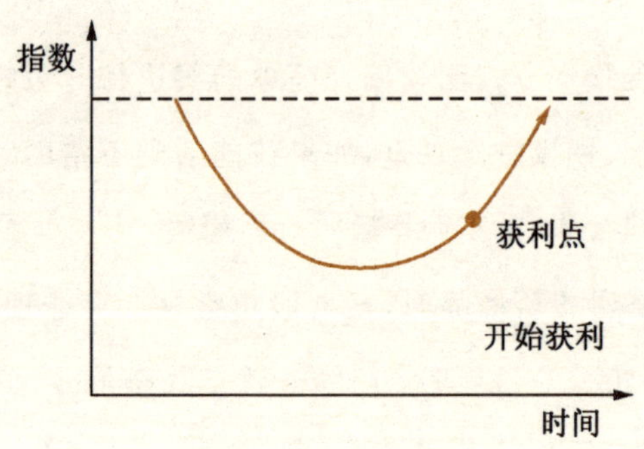

图 3-4　微笑曲线理论

看到这个 U 形曲线走势，一般人都惨叫连连，一点都不喜欢看到这样的走势图，因为一路走跌，就算后来股市回升，也只不过解套而已，实际上并没有赚到钱。这句话没错，如果只是单笔投资，确实必须等待指数回升至超过原点，才有获利的机会，而且那种不知道要等到何时的心情，真的是很折磨人。只要住上“套房”，没有人笑得出来的。

遇到下跌走势，就要勇敢采用摊平策略

那我为什么又能在指数下跌时期还可以赚到零用钱呢？我的方法就是，以定期定额的方式持续每期投入台湾50ETF，也就是运用摊平策略，买入成本就会愈垫愈低，等到股市开始反转，不用多久就已经开始获利了，再等指数回复到原来的地方，就会有不错的获利。

为了方便大陆的读者理解，我以A股举例说明，假设投资人从2001年开始，每年定期投资A股1万元，股票价格分别为17元、16元、14元、12元、10元、14元、15元、16元、17元。

表3-2 下跌走势时，定期定额的投资回报率

年度（年）	股票价格（元）	投入金额（元）	购买单位数	累计单位数	平均成本（元）	累计成本（元）	累计净值（元）	累计回报率
2001	17	10000	588.24	588.235	17	10000	10000	0
2002	16	10000	625	1213.235	16.48	20000	19412	－2.9％
2003	14	10000	714.29	1927.521	15.56	30000	26985	－10％
2004	12	10000	833.33	2760.854	14.49	40000	33130	－17.2％
2005	10	10000	1000	3760.854	13.29	50000	37609	－24.8％
2006	14	10000	714.29	4475.14	13.41	60000	62652	4.4％
2007	15	10000	666.67	5141.807	13.61	70000	77127	10.2％
2008	16	10000	625	5766.807	13.87	80000	92269	15.3％
2009	17	10000	588.24	6355.042	14.16	90000	108036	20％

如表 3－2 所示，在 2001 年，投资人 1 万元可以买到 588.24 个单位数，到了 2005 年最低点，股价为 10 元，1 万元钱可以买到 1000 个单位数。

接着再来观察“累积净值”这一栏，因为一开始股价是下跌的，所以累积净值都比累积成本低，直到 2006 年，累积净值高于累积成本，也就是开始获利。到了 2009 年，股价回复至 17 元时，已经有 20％的投资回报率。

打败恐惧，才能启动微笑曲线策略

遇到下跌走势时，定期定额是一个非常简单的摊平策略，但是很多人都不敢这样做，因为担心股价一蹶不振，加上未来不可测，股价愈摊愈平之下，万一躺平了就只能认倒霉。这样的考虑不无道理，如果是买卖单一股票，的确有可能会发生这样的情况。

然而，股价下跌有许多因素，有些是因为整体大盘都跌，单一股票受累跟着下跌；有些则是大盘好好的没事，只有单一股票因为个别因素单独下跌。如果是跟着大盘一起跌的状况还好，经济总有回升的一天，等待股市回春就好了。例如 2008 年金融海啸，当时大部分股票都下跌，这是整体环境的问题，因此遇上这种状况比较不用担心。

最怕的是因为个别因素，例如经营团队易主或是大客户转单，尤其是经营不善而导致公司亏空等，这类股票不胜枚举。因为这些原因而下跌的股票，真的很难期待股价会恢复，甚至根本不可能超越原来的股价，这也难怪投资者不敢随便就采用摊平策略。

这时，你就需要寻找一些绩效几乎等同于大盘，而没有个别因素需要考虑的股票，就不担心遇到地雷股了。例如，农业银行的股票已于2010年被计入上证综指。在股市疯狂下跌时，利用农业银行A股执行定期定额策略就很合适。只要相信中国的竞争力并未下滑，中国股市在最近一两年内会回复到原点，即可启动摊平策略，利用微笑曲线来获利。

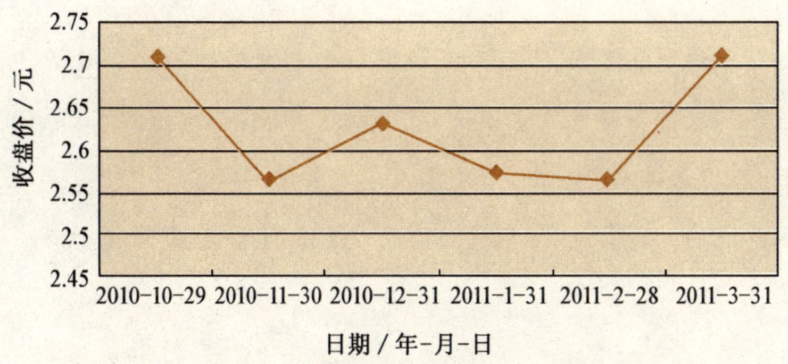

图3-5　农业银行A股收盘价变化

比如，A股的上证指数经常跌到3000点以下，但收复到3000点的机会还是有的，此时，你就可以大胆地以定期定额买入农业银行A股，等到指数回复到3000点时，就会有不错的回报率。如果可以等到指数3500点时再卖，那回报率就会更高了。如果你能掌握指数与微笑曲线的操作策略，等到好时机再出手不迟。

但我要非常慎重地提醒读者，我并不鼓励长期以微笑曲线来

操作股票或ETF，只有当股市受到重挫，而你手头上有些闲钱时，我才鼓励你这样做。这样做的风险不大，而且可以赚取高额的零用钱。我就是这样赚取短期零用钱的，真的是这样，既然看到机会，何乐而不为呢？

怪老子语录

当股市受到重挫时，就要勇于启动定期定额的摊平策略，利用微笑曲线来获利；但绝不建议长期操作，请一定要注意。

18. 定期定额基金只能“止晃”，不能“转向”

前面一篇文章讲到利用定期定额摊平策略，很多人一定很好奇，我是不是也一定支持定期定额基金(即定投基金)? 或者，也许好奇，我会怎么看定期定额基金这种投资工具? 或者，更进一步说吧，关于投资定期定额基金，有没有基金公司没有说的真相呢?

的确，基金公司推荐给没有时间研究投资、没有时间研究行情、也没有太多资金的薪水族，最方便、最简单、最省事的懒人投资法，就是投资定期定额基金了。而且，基金公司最爱强调的特性就是采用摊平策略。没错，定期定额基金是采用摊平策略，但是也绝对没有基金公司讲的那么简单就能赚钱，如果你真的以为这是最简单而万无一失一定赚钱的投资方法，那就要小心了。真的没有想象中那么简单，你一定要真正了解定期定额的优点及缺点，才有办法实际获得投资绩效，真的赚到钱。信不信? 问问身边的人，我相信一定有人投资定期定额基金而亏钱的。

所谓的"定期定额",就是每个月固定投入一笔相同金额的资金,定期买入自己所看好的投资商品,不管当时的净值是涨还是跌,只要时间一到就投入,属于机械式投资。

为什么机械式的投资方式可以获利呢?投资真的就这么简单吗?这样讲吧,只要某地区的股市长期看涨,然后买进长期持有,净值就会持续增长了。只是问题在于即便行情看好,股市还是难免会上下波动,定期定额投资方式的主要目的就是消除这些波动。

定期定额是每月投入固定不变的金额,所以当基金净值下跌时,买到的单位数就会增加,当基金净值上涨时,买到的单位数就会变少,经过长时间的投入,单位数与净值就在一增一减之中取得平均值。

我用 EXCEL 来模拟一只基金,净值每期由 3 元、2 元一路跌到 1 元,之后再回升至 2 元、3 元,每期固定投入金额 1000 元。由表 3-3 中我们可以看出,每期购买到的单位数,随着净值的滑落而升高。例如,当基金净值为 3 元时,可以买 333.33 个单位,但是当净值掉到 2 元时,却可以买到 500 个单位数。随着累积单位数的增加,每单位数的平均成本到最后是 1.88 元,很接近平均值(参见图 3-6)。

表 3-3　模拟净值下跌时,定期买入 1000 元的平均成本

每期净值(元)	投入金额(元)	购买单位数	累计单位数	平均成本(元)
3	1000	333.33	333.333	3.00
2	1000	500.00	833.333	2.40
1	1000	1000.00	1833.333	1.64
2	1000	500.00	2333.333	1.71
3	1000	333.33	2666.667	1.88

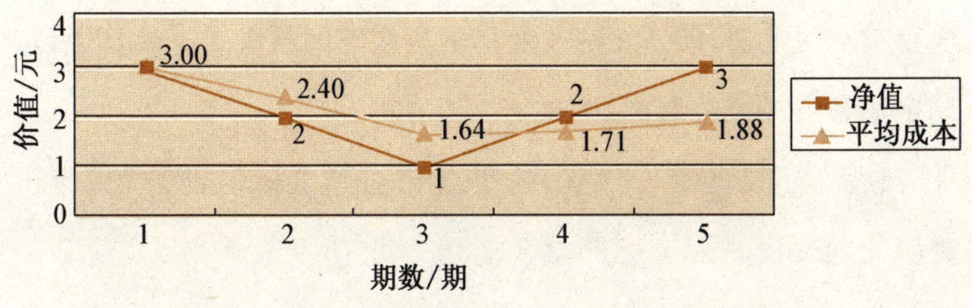

图 3-6　基金净值与平均成本

一般人在运用定期定额的方法时,最大的通病就是,每当遇到股市大空头时,就立即停止扣款,生怕继续投入的金额血本无归。这种想法很奇怪,根本就是自相矛盾,这与当初买定期定额的动机背道而驰,定期定额的优点就是要利用景气不好、股市下跌时,趁机加码,降低投入成本,等到景气回升时,就可以享受甜美果实。结果许多人却反其道而行,纷纷停止扣款,完全失去定期定额摊平成本的效果。投资本来就有风险,只要在自己可以承受的范围内,遇到股市往下跌,尤其是大跌时,更要勇往直前,不可以停止扣款,不然就枉费当初投资定期定额的用心了。

但要特别注意的是，也是基金公司不会告诉你的是，定期定额只能做到摊平，注意到了没，只能“摊平”，也就是说，如果这个定期定额策略放在一个长期下跌或持平趋势的投资标的上，是无法让净值增长的。所以，要投资定期定额基金，最重要的前提是，一定要选择一个具有长期往上趋势的投资标的，选到趋势往下的基金，即使是定期定额也是会亏钱的。

简单来说，定期定额只能够让“摇摇晃晃”一路往上的基金，变成稳定地往上走，但是无法改变往上或往下的趋势。也就是说，定期定额有“止晃”效果，但没有“转向”的功效。

最后，还要提醒一件事，摊平效用会随着时间的拉长，而出现顿化的现象。由于资产累积会随着定期投入而增大，到了一定时候，势必累积到一定数量的金额，如果此时遇上空头市场，股市往下跌，资产净值也跟着往下跌，这时每月再投入的金额比起累积资产规模相对较小，所以摊平效果就有限了。要解决这个问题，除了随着时间而增加投入金额的比例之外，似乎也没有其他方法。这也就是我前一篇文章说到的，我只会用定期定额策略进行短期波段操作，长期投资又遇到空头市场就不适合定期定额了。

怪老子语录

定期定额可以“止晃”，但没有办法“转向”，所以还是要挑对标的，不是随便一只定期定额基金都能赚钱。

下载文件这样算 8 定期定额试算

网址：http://www.masterhsiao.com.tw/Books/978-986-86651-2-5/index.php

下载项目：定期定额试算

图　示

	A	B	C	D	E	F	G	H	I
1	每期投入金额	1000 元							
2	期数	5 期							
3	总投入金额	5000 元							
4	期末净值	8000 元							
5	累计报酬率	60%							
6									
7	期数（期）	每期净值（元）	投入金额（元）	购买单位数	累计单位数	平均成本（元）	累计投入金额（元）	累计净值（元）	累计回报率
8	1	3	1000	333.33	333.333	3	1000	1000	0
9	2	2	1000	500	833.333	2.4	2000	1667	−16.7%
10	3	1	1000	1000	1833.333	1.64	3000	1833	−38.9%
11	4	2	1000	500	2333.333	1.71	4000	4667	16.7%
12	5	3	1000	333.33	2666.667	1.88	5000	8000	60%

用　法

只要输入定期定额每期的投入金额，以及目前已经投入的期数，还有每一期的净值，就会立即知道投资回报率为多少。

以图示中的例子来说明，每月投入某只基金1000元，已经有5期了，每一期的净值分别为3元、2元、1元、2元、3元，到期后期末净值为8000元，总投入为5000元，累计回报率为60%。

这样算

1. 每一期投入某只基金的金额是多少？填入“每期投入金额”栏。

2. 目前总共投资几期？填入“期数”栏。

3. 每一期的净值分别是多少？填入“每期净值”栏。

4. 填完后就可以立即知道这样最后的净值是多少，以及投资回报率是多少，更可以看到所有的投资明细以及投资成本。

19. 定存概念股，买对就等退休啦！

如果你不打算抢短线，在股市进进出出赚价差，股票也有适合长线操作的标的，那就是选择稳定配息且股价波动不大的股票，也就是一般人所称的“定存概念股”。

我知道有些较保守的散户，平常只靠听小道消息进行投资决策，面对股市的上冲下洗，总是只有被宰的份，日子久了，难免心灰意冷，就不再投资股市。但是想要转向银行定期存款，看到利率又实在低得可怜，存银行定期等于是等着看财富贬值，所以也不甘心存定期。这样的话，一些现金配息比较稳定的股票，长期稳稳收配息，也是很不错的选择。

不过，与一般定存配息相比较，股票配息显得十分不稳定。为什么呢？因为银行定存的配息是一定的，顶多利率会机动地随着市场利率变动，不会有不支付利息的情况发生。但是股票的配息却与该公司赚钱与否息息相关，公司赚钱愈多的年份，配息的比例就愈高；公司没赚钱的时候，就别想会有配息，所以配息多寡是很不稳定的。

此外，银行定存到期时，本金可以全部拿回来；但是投资股票，想要赎回投资的本金就得卖掉股票，而股价是随着市场变化的，几年后的价格会是如何，没有人说得准。所以，想把股票当成定存来看待，就不得不考虑到股价风险。

要想选定存概念股的好标的来赚配息，一定要掌握下列两个重点：

1. 配息的稳定性要好；

2. 配息收益率愈高愈好。

既然定存股要靠配息获利，每年是否能有稳定的配息，就是很重要的一个指标，年度配息的波动不要超过±20%，也就是不要起伏过大，这应该是个基本要求；另一个就是配息的收益率愈高愈好，至少高于定存利率5%以上才是好标的，假设银行定存利率是1%，那么收益率至少是6%才算好标的。

【配息收益率的公式】

配息收益率＝每股配息/股价

配息收益率愈高、风险愈小

但前面说过了，定存股也有股价风险，如果能找到配息收益率愈高的定存股，能忍受股价下跌的程度就愈高。定存股的总回报率受到两个因素的影响，一个是配股收益率，另一个是期末股价。如果配息收益率不高，但期末股价涨了，也会拉抬整体回报率。相反的，如果配息收益率很高，期末股价却赔了，虽然整体回报率会下降，但可能还不容易赔钱。问题就是选到配息收益率不高、期末股价又跌的股票，这就非常不适合拿来当定存股了。

到底一定的配息收益率可以忍受的股价下跌空间有多少？来看个例子。如果以每股 50 元同时买入配息收益率为 5%及 9%两只定存股，3 年后，将两只股票卖出，期末股票最低要到多少，整体回报率会变成负值，换句话说，如果低于这个股价，就要赔钱了。

由表 3-4 可以看出，3 年后配息收益率 5%的那只股票，股价如果降到 42.5 元，整个投资才算赔钱；而 9%配息收益率的那只股票，却可以忍受股价降到 36.5 元，整体投资回报率才是负值。

表 3-4　配息收益率与股价比较

配息收益率	最低股价
5%	42.5 元
9%	36.5 元

这个例子可以这样来理解，你是把每年所分配的股息拿去补期末股价下跌的缺口，所以每年领愈高股息的股票，股票卖出时可以忍受的价差就愈大，也就是可接受的风险就愈高。所以，配息收

益率愈高的定存股，可以忍受的波动风险就愈大。

你想不想算算看，你相中的那只定存股，可以忍受的股价最低是多少？最简单的方式就是通过试算，来直接算一算可以忍受的股价。

持有期间愈长、风险愈小

有了试算表，想要评估风险就变得很容易了，以相同的例子，将电子表格中的持有年数由 3 年改为 5 年，在同样的条件与跌幅下，持有 3 年的回报率为 0，持有 5 年的回报率就不是 0，而是 2.12%（参见表 3－5）。这说明即使期末股价跌了 15%，持有 3 年总回报率持平，之后就一路正值。

表 3－5　持有 3 年与 5 年的试算结果

买入股价	50 元	50 元
期末股价	42.5 元	42.5 元
每年配息	2.5 元	2.5 元
持有年数	3 年	5 年
配息收益率	5%	5%
股价波动幅度	－15%	－15%
总投资回报率	0	2.12%

表 3－6 也是同样的状况，50 元买入股票，每年配息 2.5 元，期末股价同样是下跌 15%，但持有时间不同，其总回报率完全不同。

我们可以看到前 2 年都是负值，第 3 年打平，之后就一路往上升高。

表 3-6　持有年数与总报酬的变化

持有年数(年)	总投资回报率
1	－10％
2	－2.6％
3	0
4	1.32％
5	2.12％
6	2.66％
7	3.05％
8	3.33％
9	3.56％
10	3.74％

关于定存股还有一个小提醒，买定存股最好的时机是在股市空头时，这时候大家都不想买股票，甚至“闻股色变”，但你不要怕，这是你最好的进场时机。因为买定存股的主要目的是靠配息获利，并不是要赚短期波段，不是要靠价差获利，所以空头时期买进并无不妥。而且，当你买到的价格愈低时，收益率也就愈高，获利当然就愈好了。

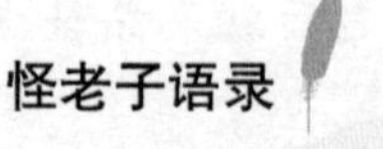

定存概念股,是赚利息不是赚价差。

下载文件这样算 9 定存股风险试算

网址:http://www.masterhsiao.com.tw/Books/978-986-86651-2-5/index.php

下载项目:**定存股风险试算**

图　示

	A	B
1	买入股价	50 元
2	期末股价	42.5 元
3	每年配息	2.5 元
4	持有年数	3 年
5	配息收益率	5%
6	股价波动幅度	−15%
7	总投资回报率	0

用　法

只要在 B1～B4 单元格中,输入买入定存股的条件,也就是股价、每年配息、预备持有年数等。然后试算当股价涨或跌时(期末股价 B2),会造成的总投资回报率(单元格 B7)是多少。当期末股价往上涨时,会造成总回报率往上扬;相反的,当期末股价往下跌时,会使得总回报率往下降。但是因为每年有配息的因素,不会股价一往下跌就造成亏损。从这个电子表格可以看到当股价降到多少以前,总投资回报率还是正值。只要将期末股价往下调整,直到投资回报率变成 0,这时的股价就是可忍受的最低价格。

图示中的例子是以50元买入一只股票，每年若有2.5元的配息可领，那么即使这只股票的价格3年后跌至42.5元，也还是没有亏钱，因为总投资回报率为0。

这样算

1. 欲买入股票的目前价格？填入"买入股价"栏。
2. 该股票每年的配息？填入"每年配息"栏。
3. 预计持有年数？填入"持有年数"栏。
4. 预估当期末股票卖出时的价格为多少？填入"期末股价"栏。
5. 立即计算出这项投资的投资回报率为多少。

想一想

买一只定存股，若无法衡量其股价下跌的风险对整体回报率的影响，这样的投资是很危险的。

第四章

做好配置，资产绝对不缩水

这个观念不难，实践上也不复杂，但很多人都忽略了这样做的重要性，承担的风险就比较大了。只要配置正确，不必天天看盘，资产也能稳定增值。

20. 为什么要同时投资雨伞业与观光业?

你现在可能很想赶快投资,也开始留意起投资机会了,但你发现报纸杂志或基金公司的广告常常告诉投资人:要做好资产配置。你心里纳闷着:到底什么是资产配置?怎样的配置才是合适的?

资产配置当中的“配”,就是资产分配的意思,主要意义是说如何将投资的资产分配到适合的比例,目的是让总资产净值不但会扶摇直上,而且不会上上下下波动。简单说,资产配置得宜就可以成功分散风险。

哦,资产配置就是要分散风险,也就是所谓的“鸡蛋不要放在同一个篮子里”的意思啰?没错,将投资标的打散,就算某一笔投资失利,也不会整个垮掉,所以风险当然就会比较小。如果你把全部资金就押在一只股票上,幸运的话那只股票涨了不少,大赚一笔;可是如果运气不好,遇到金融海啸就会惨赔。你的投资绩效好不好，就靠那只股票了。

可是，投资通常没那么神准，只靠一只股票就能致富是很难的。只押一个宝，那不叫投资，而是赌博了。也许有人宣称自己做得到，那我真的很佩服他，老实说，我不是神机妙算，也没有这种能耐与胆量，我的投资理财方式还是比较稳健的，是让我晚上能安心睡觉的。我还是认为，把相同资金分散成 10 只股票，那么选 10 只中 6 只的机会，比选 1 只决胜负，机会更大。

同样的道理，也不要选择单一资产去投资。不同的资产会有不同的风险属性与波动幅度，当一个资产涨的时候，另一个资产可能会跌。相反的，当一个资产跌的时候，另一个资产可能会涨。因为资产间有相互抵消涨跌波动的效果，即使你什么事都不用做，只是买起来放着，然后长期持有，也不用看盘，不同资产间就会自动相互抵消净值上下变化的部分（参见图 4－1）。

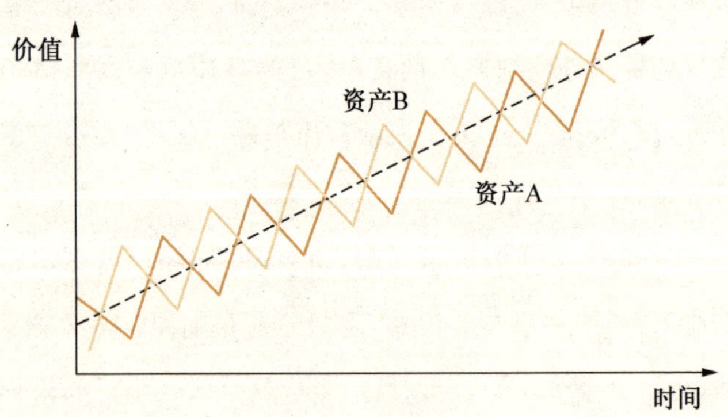

图 4－1　资产配置

在学习资产配置这个概念时，有一个最有名的例子，你一听就懂了。

这个例子就是美国教授 Malkie 的“岛国经济理论”，大意是这样的：假设在某一个小岛上，只有两家公司，一家经营雨伞业，另一家经营观光业。雨季时，雨伞业就可以赚钱，可是观光业会亏钱。反过来说，在阳光季节时，观光业就会赚钱，雨伞业就会亏钱。假设这两个事业的回报率，在雨季及阳光季节时，分别如表 4-1 所示：

表 4-1　雨伞业、观光业不同季节的回报率

	雨伞业	观光业
雨季	50%	-25%
阳光季节	-25%	50%

如果将全部资金只投入其中一家公司，不论是雨伞业或观光业，都会受到天气的影响，回报率都会随着天气变化而上下波动，一下子赚 50%，一下子亏 25%。也就是说，假设你手上有 10 万元资金，若全部都投入雨伞业，雨季时就会赚 5 万，可是阳光季节时却亏损 2.5 万元。如果这 10 万元资金全部投入观光业，刚好和雨伞业相反，阳光季节赚 5 万元，雨季亏损 2.5 万元。赚赔全靠老天赏脸，看天气的变化了。假若每年雨季时间与阳光季节时间相等，那么全年的平均回报率就只有 12.5%。

如果你不希望投资绩效随着天气上下波动，你就可以将资金

分半，同时投资两家公司，雨伞业投资5万元、观光业也投资5万元。这样的话，雨季时，虽然观光业得赔1.25万元（5万元的25％），但是雨伞业却可以赚2.5万元（5万元的50％），总结下来赚了1.25万元，总投资回报率为12.5％。

再看看阳光季节时，两者恰好相反。观光业赚2.5万元，可是雨伞业赔1.25万元，总结也是赚1.25万元，总投资回报率一样也是12.5％。也就是说当把资金分半投资两家公司时，赚赔就不再受天气左右了，不论天气好坏，通通都会赚1.25万，随时都在赚钱。

有人也许会误解，一个资产上涨，另一个资产下跌，不是会两者相互抵消？抵消后不是归零？那不是白忙一场？并不是这样的，“波动”是指在平均回报率上下波动，所以当波动相互抵消掉时，就会得到没有波动的平均回报率。例如雨伞业及观光业，好季节时可以赚50％，季节不好时却得赔25％，如果不想有时赚、有时赔，最好的方法是各投一半，让平均值外的赚赔相互抵消，留下来的就是永远的平均值12.5％。

岛国经济理论主要说明，一个完全反方向的“负相关”资产组合，就不会受到气候的影响，不论天气好坏都可以得到稳定的平均值，让你不必忍受上下波动的痛苦。

虽然岛国经济理论只是个假设，却将资产配置的概念描述得非常清楚。整个资产配置的意义，就是选择相互会抵消变化的资产，将这些资产速配起来，让配置后的总资产，得以平稳地以平均回报率往上攀升。现在，看到“资产配置”这四个字，就不会再不理解吧？

怪老子语录

做好相互抵消风险的资产配置后，即使什么事都不做，只是买了放着，然后长期持有，也不用看盘，资产仍可稳定增值。

21. 愈不相关，愈速配

现在你懂得了资产配置的意义，但要怎么进一步选择速配的不同资产呢？简单说，就是要找回报率是负相关的两种资产就对了。什么是负相关呢？请耐心听我用一点基础统计学中的“相关系数”概念来说明。

相关系数是由－1～＋1的值，来表示两者的相关程度，当两种资产的回报率走向一样时，两者就是正相关，关联程度是由0～1的值来描述，“＋1”称为“完全正相关”。相关系数是“0”时，也称为“零相关”，就是两种资产回报率各走各的，完全没有任何关联性。而资产的回报率走向刚好相反时，就称为“负相关”，关联程度是由0～－1的值来描述，“－1”就称为“完全负相关”。

理想的资产配置相关系数为“－1”，表示走向完全相反，一个赔但另一个会赚；愈接近“＋1”愈不好，表示一个亏，另一个同时也会亏。如果你不小心选择了相关系数是“＋1”的不同商品，万一遇到风暴，不是一片倒吗？

投资公司时用来看看，例如A公司和B公司是两家性质一样的公司，你刚好都买了这两家公司的股票。景气好的时候，A股票会涨，因为两家公司特性一样，B股票也很有可能涨。景气不好的时候，A股票会跌，B股票也是跟着跌。这两家公司的关系，就称为正相关。

举个例子，台湾的高科技产业几乎都是做美国大品牌的生意，例如鸿海接苹果公司的iPhone手机等。遇到金融海啸时，美国公司惨兮兮，连动的台湾高科技产业也跟着哀鸿遍野，所以说，台湾高科技产业和美国经济是具有正相关。

齐涨齐跌最不速配

把两个正相关的资产配置在一起，因为两者涨跌脚步一致，就没有机会相互消除波动。如果希望资产间的波动可以相互抵消，两者的回报率就必须是相反的走向，或者至少不一致。也就是说，必须要找负相关或零相关的资产才能速配成功。岛国经济理论中的雨伞业及观光业就是典型的负相关，且相关系数是“－1”。

然而，在现实投资环境中，要找到完全负相关的投资标的，老实说，是蛮困难的，所以只要找到一定程度的负相关资产就很厉害了。

根据美林对我国的股市、债市、期货的研究，得到了表4－2：

表 4-2　2003 年 1 月到 2008 年 9 月我国三个指数之间的相关系数

	股票	债券	商品
股票	1.00		
债券	0.55	1.00	
商品	0.70	0.85	1.00

注：股市是沪深 300 指数；债市是上证国债指数；商品包括铜、天然橡胶、大豆。

从表 4-2 中，我们不难看出，债券与股票的相关系数最低，为 0.55，也就是说，债券与股票同涨同跌的可能性最小，可以有效分散投资风险。而相对于股票与商品的选择，就要根据具体的经济状况，调整投资比例。

表 4-3 是常见的资产类别之间的相关系数，可以为资产配置提供参考。比如债券与股票的相关系数是“－0.16”，就是负相关，是不错的资产配置标的。

表 4-3　常见资产之间的相关系数

	货币	债券	股票	商品	外汇	房地产
货币	1.00	0.26	0.07	－0.17	0.82	－0.05
债券		1.00	－0.16	0.07	0.35	－0.01
股票			1.00	0.14	0.09	0.59
商品				1.00	－0.20	0.20
外汇					1.00	－0.11
房地产						1.00

注：商品表示石油、黄金、大宗谷物。

我们已经看过负相关和正相关的状况，再来看看零相关是什么。“零相关”是两种资产间并无任何关联，例如房地产跟债券的回报率就几乎是零相关。股票的报酬靠公司的获利，然而债券的报酬却是看利率的变化，两者的相关性就很小。零相关的资产，也可以作为资产配置时的选择。

负相关可以消除波动比较容易了解，但为什么两种资产相互之间没有关联（零相关），也有消除波动的效果？主要是因为两个“零相关”资产的回报率有一半“机会”是一个往上，另一个往下。只要恰巧碰到一个往上，另一个往下就有抵消效果。所以靠的是随机的概率，也就是说，两种资产零相关时，碰到一个往上且另一个往下的机会有1/2。

举一个生活上的例子来说明“零相关”，就会更容易理解。先提个问题：一家台北的7－11（一家连锁便利店）和一家高雄的7－11，在没有特别促销活动的情况下，两家便利店在某一个时间点上卖的茶叶蛋数量，你觉得有没有关联？

你觉得有？还是没有？正确的答案是：两者的关系应该是零相关，因为在某一个时间点上，台北的7－11的茶叶蛋生意好不好，都不会影响高雄7－11的茶叶蛋生意。因为两家的商圈消费人数没有重叠，消费习惯也不一样，两家店的销售是分开独立的。

一般来说，这两家便利店卖的茶叶蛋数量，每天都会在平均值上下变化，某些天数量多于平均，某些天数量又少于平均。就因为台北的7－11和高雄的7－11两者之间没有关联，所以就有一半的机会是一家比平均多,另一家却比平均少。表 4 - 4 列出两家 7 - 11销售茶叶蛋的数量可能会出现的状况。可以清楚地看到,有 1/4 的机会是两家同时都比平均多,也就是状况一;也有 1/4 的机会是两家都比平均少,也就是状况四。剩下的部分就是一家比平均多,另一家比平均少,就是状况二及状况三,这两种状况加起来总共占了 1/2 的机会。

表 4 - 4　两家 7 - 11 销售茶叶蛋数量的四种状况

	台北 7/11	高雄 7/11	出现机会
情况一	比平均多	比平均多	1/4
情况二	比平均多	比平均少	1/4
情况三	比平均少	比平均多	1/4
情况四	比平均少	比平均少	1/4

这说明了只要两者相互没有关联,就有多达一半的机会是可相互抵消的,一个多于平均、另一个少于平均,两者相加刚好相互抵消,结果等于平均值。

台北的 7 - 11 与高雄的 7 - 11 的茶叶蛋生意没有关联,但观光地区和都市地区的 7 - 11 的生意却具有相当大程度的负相关。因为都市的生意在工作日会高于平均值,节假日则会低于平均值;可是观光地区的 7 - 11 的生意,一定是工作日低于平均值,而节假日却远高于平均值。

零相关与负相关都是好的投资组合,都会消除波动,零相关的效果比负相关小一些。

投资也是一样，只要确认投资回报率的平均值是正的，虽然有时候回报率会高于平均，有时候会低于平均，但只要是两个互不相关的资产，就有一半机会可以消除这种波动。所以，如果选择的股票型基金及债券型基金其平均回报率均大于零，长期持有这两种资产，即使不用特别操作，你的整体资产也会自行依平均值往上涨，且波动状况也会因为两种资产的组合而下降。另外，配置后的波动状况也会依资产配置比例而改变，股票型基金的比例愈多，波动就愈像股票型基金，反之就愈像债券型基金。

资产净值上上下下的波动像云霄飞车一样，让人很不舒服，可能要心脏很强的人才受得了。当股票价格往上涨时当然很好，可是当往下跌时，那种心理的恐慌是令人很难忍受的，这就是我一直强调的，我选择的投资组合，一定要让我晚上能睡得好才行。

怪老子语录

资产配置时，别被似是而非的信息误导了。

22. 25 岁、35 岁、50 岁的你，该怎么进行资产配置?

关于资产配置这个概念，还有一点要提醒，就是不同年纪的人，需要不同的资产配置。为什么呢？很简单，就是我一再强调的风险观念，不同年纪的人所能承受的风险不一样，当然风险性投资的比例，就该随着年纪而调整。

下面我就试着以三组不同的资产配置，提供给大约在 25 岁、35 岁、50 岁左右的年龄层参考。这个年龄层不是绝对的，所以也可以理解成是一种生活状态。25 岁大概是单身阶段的生活状态，35 岁是所谓的“上有高堂、下有子女”要养、开销最大的“三明治”生活状态，50 岁则是孩子更大了，可能孩子在本科或研究生阶段，自己还同时要准备退休的生活状态。

当你从这三组资产配置中，领悟到资产配置的精神，再衡量自己愿意或能够承受的风险时，你也可以根据自己的情形，进行专属自己的理想配置。

25岁(单身期)理想资产配置

一个刚踏入社会的年轻人，前途充满希望，工作机会非常多，不用担心失业问题；通常也还没结婚，更没有小孩需要抚养；父母可能也还有收入。这个阶段的人，不必养家，在经济上几乎没有任何压力，所谓的“一人吃饱，全家不饿”，就是形容这个阶段的生活状态。在这个阶段的年轻人，对风险的忍受程度是非常高的，即使暂时投资失利，因为还有工作收入，也不用担心生活会出大问题。

因为即使不幸投资失败，也一定有机会可以东山再起，所以就应该勇往直前，积极寻求高回报率的投资标的。这一点是非常重要的，因为将来是否会富有，就靠投资回报率来决定。但风险与回报率是一体两面的，回报率高的投资商品，风险一定高。不过，“不入虎穴，焉得虎子”这句话说得很对。只有勇敢去承担风险，才有机会得到高回报。

那么，提供高回报率的投资商品又有哪些呢？股票、房地产都属于高回报率的投资。而债券、定存和货币型基金等则是较低风险的标的，所以回报率也较低。至于其他的衍生性金融商品如期货及选择权等，因为投机性质居多，并不建议置入。至于外汇、黄金等也不建议放入资产配置里面，主要原因是这些金融商品并不具有长期看涨的趋势，适合波段操作，不适合买入长期持有。

配置的比例又该是多少？年轻时因为可承受的风险较高，高

回报率的资产配置比例就应该比较多，一般来说，至少可以占到资产的60％～70％，剩下的30％～40％才考虑较低回报率的投资商品。

我的大女儿目前大约25岁，我就建议她把每月的储蓄分成两部分来投资，60％定时定额购买股票型基金，另外的40％投资债券型基金。

35岁(三明治期)理想资产配置

由于现在晚婚或不婚族群越来越多，我发现35岁还单身的人很多。在我们这个年代的人35岁通常已经是成家、有孩子、甚至还要养爸妈的阶段，现在可能不太一样。不过，因为我想谈的是人生中间阶段的财务负担下，应该进行的资产配置，所以就不必太拘泥具体年龄或已婚未婚的问题。

在人生的中间阶段，随着小孩成长、双亲年老，生活费用也会每年慢慢增加。我建议这时候也应该把房地产纳入资产配置的内容(关于投资房地产，第五章有较详细的说明)。以目前的房价而言，缴交的贷款将会占据大部分的收入，的确比较辛苦。这时候如果还有余钱投资，就应该选择更稳健的资产配置，股债的比例应该各占一半。

50岁(退休前)理想资产配置

当年纪越大时，家里的负担就越来越重，这时小孩子也已经长大了,所需要的费用也大大增加。尤其是当小孩上了大学,光是学费就是一笔不小的金额,再加上住宿费及零用钱就更惊人了。这些必要的生活开销,会随着年纪而增加,可是体力却随着年纪增长而下降。到了一定年纪,工作机会越来越少,这时万一老年人有个什么闪失,身边没有一些积蓄,生活就会立即陷入困境。

这个情形说明老年人的投资风险忍受度极小,除非身边有不少现金,否则投资就必须非常谨慎,不可贸然投资太多高风险商品。资产配置比例必须以固定收益型商品为主,股票型基金为辅,比例最好是60%债券型基金,40%股票型基金。

然后再随着年纪的增加慢慢地调整资产配置的风险比例,尤其是在退休时,债券型基金加上定存的比例,最好占整个资产的70%以上。

特别提醒的是,也不必过度保守,唯恐投资失利,而把全部资金都投资于定存或债券基金。如果退休时的资产配置里,股票型基金的比例占有10%~30%,就会让整体资产回报率提升2%~4%。试想,当退休时拥有1000万元的资产,1年就可以增加20万~40万元的报酬,在退休以后,每年有这样的金额,也是不错的零花钱吧。

怪老子语录

不同年龄层的人对风险的承受度不同,就要进行风险比例不同、回报率不同的资产配置。

第五章

房地产算盘怎么打?

房地产买卖动辄百万元,买房虽然不是终身大事,也是人生大事,不管买房卖房、要买要租,或是要怎么贷款,其实都有精明的算法。

23. 租房好，还是买房好？

现在中国大陆的一线城市，甚至一些二、三线城市的房价都非常高，除非父母或家人解囊相助，年轻一代尤其是一般月薪族想买房子，真的是一个很沉重的负担。台湾地区也是同样的情况，我身边就有些人辛辛苦苦买了房子，却马上被每个月的房贷绑住，过着房奴一样的生活，从此不敢和朋友吃喝玩乐，更别说放松一下出国旅游了。所以，为了有更好的生活质量，有人就主张，与其背着沉重的房贷，还不如轻松租房就好，每年剩下的钱还可以出国玩；房子住腻了还可以随时换换胃口，这样多快活呀！

每个人都有自己的生活哲学，喜欢稳定或享受变化，这是个人选择，没有所谓好与不好的问题。但从财务的观点来看，到底是租房好，还是买房好，是非常明确的，可以很清楚地判断哪一种选择，会让你的未来更有钱。

当然，如果还没存够首付款买房子时，没得选，只能租，所以这里要讨论的是，如果已经存够了一笔自备款，究竟是选择继续租房子好呢？还是购买一套属于自己的房子好？最实际的方式就是通过试算来评估，也就是让数字来说话。现在就用案例来说明。

假设你现在已经存了40万元，如果加上60万元的银行贷款，就可以买一套100万元的房子。以2011年中国大陆房贷利率7.05%，上浮10%为7.75%（后文提及的中国大陆房贷利率，均以7.05%为基准利率，为方便计算，各处数据会略有不同，但都是在10%的范围内浮动）来计算，以等额本息形式还贷，20年缴清，每个月需缴的本金加利息，总共4925元，而20年后，房子价值会增长60%。在这种情况下，你正在考虑到底要租房还是买房，我们就来算算看，到底是租还是买划算。我们就用A与B两个方案来表示。

A方案：不买这套房子，房子仍然是用租的，但承租相同的房子，每个月得支付2500元的租金，这样每个月比贷款本息省了2425元。既然不买房子，这40万元的首付款就可以用来购买基金或进行其他投资。再加上每个月把2425元投入定期定额投资，20年下来可是一笔可观的数目。

B方案：买下这套房子，每个月需缴本息金额4925元，20年之后，贷款全部清偿完毕，这栋房子完全属于自己。

A方案及B方案都是住一样的房子，20年之后，B方案可以得到一套房子，价值是原来的1.6倍，也就是B方案最后获得160万元。至于A方案20年后的价值，就得看投资的功力了，也就是要看每年投资回报率的表现了。

那么,既然是要做二选一的决定,就要进一步想,A 方案的投资必须每年达到多少回报率,20 年后才会跟 B 方案一样得到 160 万元呢?这个回报率又称为"B 方案的等值回报率",直接利用 EXCEL 的 RATE 函数(参见附录二)其算法如下:

用 EXCEL 的 RATE 函数,就可以轻松算出等值回报率:
RATE(240,－2425,－400000,1600000)×12＝3.3%

RATE 的第一个参数"240"是 20 年的月数,第二个参数"－2425"是每月的投入金额,第三个参数"－400000"是期初投入金额,第四个参数"1600000"是期末的净值。第二、三个参数因为都是现金拿"出去"投资,所以是负值。第四个参数是期末拿"回来"的现金净值,所以用正值。

算出来结果就知道,如果采用 A 方案租房,期初投入 40 万元,外加每月投入 2425 元,回报率是 3.3%时,20 年后也可以跟 B 方案一样得到 160 万元。这就意味着,除非你的投资每年回报率都可以达到 3.3%,否则 B 方案还是会比较有利,也就是用买的比用租的还划算。当然,如果你有不错的投资机会,回报率可以远远高过 3.3%,这时候就应该选择 A 方案,才能获得更高的报酬。

所以,到底 A 方案好,还是 B 方案好,并没有一个标准答案,得看每一个人的投资能力而定。但是投资人可以通过这个分析方式,聪明选择适合自己的方案。

另外，前面这个例子是假设房价 20 年后会涨 60%，所得到的等值回报率是 3.3%。当房价的涨幅不是 60%时，等值回报率又会是多少呢？你当然可用 RATE 函数，以相同的方法自行重新计算，不过为了方便你直接比较，表 5－1 列出 20 年后，不同的房价涨幅所需要的 A 方案等值年化投资回报率。房屋价值涨幅愈高，需要的投资回报率当然就愈高。你可以衡量房子的增值空间，并比较自己的投资功力，再做决定。

表 5－1　回报率比较

房屋累计增值率	等值投资报酬率
0	1.2%
10%	1.3%
20%	1.4%
30%	1.9%
40%	2.4%
50%	2.8%
60%	3.3%
70%	3.7%
80%	4.1%
90%	4.4%
100%	4.7%

怪老子语录

买房好还是租房好，实际算算两个方案，衡量自己的投资功力之后，就能做出聪明决定。

下载文件这样算 10 租房购房评估表

网址：http://www.masterhsiao.com.tw/Books/978-986-86651-2-5/index.php

下载项目：租房购房评估表

图　示

	A	B
1	房屋价值	1000000 元
2	自备款	400000 元
3	贷款	600000 元
4	贷款利率	6.8%
5	年数	20 年
6	月缴款	4580 元
7	租房回报率	3%
8	月租金	2500 元
9	房屋累计增值率	60%
10	房屋期末净值	1600000 元
11	投资回报率	3.8%

用　法

每个房屋对象的房价、贷款成数、利率及租金均不相同，而且未来的房价也可能变动。这个电子表格可以用在如果已经拥有一笔自备款，假设不买这套房子，改成用租的，然后将这笔自备款及每月贷款及租金之差额，拿去进行投资理财。那么每年的投资回报率(单元格 B11)要有多少，所得到的结果才会跟买房子一样。

以图示的例子来说，有一套 100 万元的房子，自备款 40 万元，6.8%的贷款利率，若要租这样的房子，每月租金为 2500 元，也就是租房回报率为 3%，预估 20 年后房价至少会涨 60%。如果这笔自备款不拿去买房子，改成用租的，除非自行有能力，投资回报率每年必须达到 3.8%，否则是买房划算。

这样算

1. 想购买的房屋价格？填入“房屋价值”栏。

2. 目前有多少自备款？填入“自备款”栏。

3. 目前银行房屋贷款利率是多少？填入“贷款利率”栏。

4. 预计评估期为多久？填入“年数”栏。

5. 这房子的租金回报率为多少？（年租金/房价），填入“租房回报率”栏。

6. 期末时估计房价会涨多少？填入“房屋累计增值率”栏。

7. 就会立即计算出若用租房的方式，除非投资回报率高于 B11 的值，否则是买房划算。

24. 会算房屋价值,才能淘到“真金”

2009—2010 年,中国大陆的房价涨翻了天,凡是在这一波赚到钱的人全都笑呵呵的,没机会赚到的人,是看得到赚不到,心里只有叹气的份。没本钱在身上,有什么赚钱机会,都跟不上呀!

我的一个朋友,就幸运地赚到了一笔。他于 2007 年在上海买了一个旧小区的房子,虽然只有 55 平方米,可是赠送了一个 10 平方米的阁楼。因为当初的房价是每平方米 8000 元左右,所以房主开价 45 万元,最后以 40 万元成交。

以 2010 年上海的平均房价每平方米 2.4 万元计算,房价已经涨到 156 万元。也许你会说,房价到底什么时候涨,没有人知道,如果是你的话,就会犹豫该不该下手。

我可以很肯定地告诉你,就算不能马上拆迁获得高额的拆迁费,这笔投资还是非常划算的。你买到之后,只要把房子出租,根据当地的行情，这个房子每月的租金为 2500 元左右，每年就会有约 3 万元的租金收入。

以 2007 年商业房贷率 7.2%来算，如果贷款 40 万元，以本息平均方式摊还，年限为 20 年，每年利息不过 2.88 万元。你看，既然租金收入大于贷款的利息支出，不论拆迁要等多久，都不用担心资金会缩水。所以，这笔交易可以说是进可攻、退可守。

房地产透明度不高，信息最宝贵

不过，一般投资人也很难遇到这种好机会，因为实际的状况是，这种万中选一的好房子，根本等不到一般投资人出手，早就被更早得知消息的人吃下了。房地产市场的现实状况就是这样，因为我这个朋友本身就是房屋中介，认识非常多同行，类似这种高获利的对象出现时，房产中介就会马上锁定目标买入，有些对象根本还不到门市就被自己人抢走了。加上这位房主平时并不缺钱，也不关心附近行情，更不了解万一遇到拆迁机会的价值，不巧遇上急需用钱，于是就以低于一般行情的价格卖出了。真的要提醒一下，没有掌握充分信息，买卖只有吃亏的份。我希望那位房主一直都不知道自己亏大了，否则一定气得晚上要失眠了。

话说回来，就是因为房地产市场的信息透明度不高，房屋买卖之间存在许多机会，但一般人不容易掌握房价，才让投资客有机可乘。这也难怪啦，大部分的人一辈子能买卖的房屋没有几间，本来就不可能随时注意市场行情，所以一般人买卖房屋难免就会吃亏。

建议平常就多少留意一下房地产消息,避免等到急着要买卖房子时,像那位心急的房主一样,不知道合理行情在哪里,就迷迷糊糊卖出去了。至少在需要买卖房屋时,一定要花点心思,搜寻附近成交价作为参考,才不会少赚多付。

不要放弃房地产投资机会

另外,房子对一般人来说本来就是买来自住的,加上资金需求太大,所以一般人都不会把房地产当成一个研究的理财重点。但就是因为房地产投资的获利空间较大,也是资产配置里重要的一环,千万不可轻易放弃,年轻朋友投资初期或许买不起,但资产累积一段时间后就有能力了。

请记住,每项投资的专业知识都是需要靠时间累积,一开始若不关心,等到财富累积够了以后才开始,机会来了,往往不知该如何掌握,就会平白失去赚钱的时机。

我一个房产中介的朋友告诉我,他有一个客户对房地产投资情有独钟,贷款买了第一套房子之后,不急着还本金,只缴利息,同时把房子出租赚租金;一段时间之后,再买第二套房子,做法一模一样;这样一套滚上一套,现在竟然手上拥有 18 套房子。我也可以想象,这个人一定花了很多精力与时间在物色好的对象,同时用心处理他自己的现金流。(当然,这个案例是发生在台湾的,现在大陆因为政策限定已经不能做这样的投资了,我举这个例子只是为了说明房地产投资要靠自己努力抓住机会,做好规划)

这个人的例子实在太令人吃惊了，我想也不是一般人的经验，不过，不管你要自住，还是要投资，一定会有买房子的机会，怎么评估一套房子的价值，还是非常实用的知识。

以未来租金推估房屋的价值

房屋的价值一般都以售价来决定，房屋交易与股票买卖类似，都是通过买方及卖方出价来决定，只是股票在证券交易所集中交易，而房地产则是个别交易，通常是由卖方先喊出一个价钱，再由有意愿的买方杀价成交。一般，要出售房子的房主都会先探听附近的行情，看市价差不多每平方米多少钱，酌以衡量自己房子的情况，再决定出价，这就是大家所熟悉的“市价评估法”。

不过，市价本来就会高高低低、起起伏伏的，很容易受到人为炒作，再加上一些媒体的推波助澜，市场价格就很容易失衡。所以如果没有财务理论为依据，就不容易判断房价是否合理。当然，只要有人买的价格，就是合理价，只是我们现在要讨论的是：一个理性的投资人会认为多少钱值得投资，也就是用财务理论来理性判断一套房子，若以长期持有的方式，到底值多少钱。

无论自住或出租，一间房屋都有一个租赁价格。因为租金是每个月都得支付给房主的，所以理论上这些未来每个月可以收到的租金，其现值的总和就是这间房屋的价值。就算房子是自己住，没有付出任何租金，但租金就是房主的机会成本，如果不是自己住，本来是可以收到这笔金额的，相当于自己付房租给自己，所以也同样适用。

这是一个非常有理论基础的评价方式,问题是未来的租金要如何估算?而且,租金经常受到经济景气及公共建设的影响而上下波动,加上房屋有年限,当期限到的时候价值又是多少?

未来租金的正确价格,虽然无法很准确地估算,但是如果可以顺应所有变动因素,估算出一个可能的范围,实际上也相当够用了。

因为要用财务理论计算现值,说实话,不是每一位读者都可以做到的,所以我已经设计了一个试算的工具,可以让大家在实践上方便应用。

以本节所附电子表格的例子来说,目前月租金为 2000 元,预估租金会以 2.5%的通货膨胀率增长。例子中的房屋为钢筋混凝土式的建筑,房龄为 50 年,所以房屋能用年数设定为 50 年。

我把单元格 B4 的"要求年化回报率"的默认值定在 5%,这个参数是投资人期待房地产有多少投资回报率。有人认为,房地产的投资回报率至少应该高于 5%,也有人认为只要高于定存就够了。但是通常会以无风险回报率(就是定存利率)再加上风险溢酬(就是承担风险所应得的报酬,通常是2%~4%)来当默认值。所以,目前预期 5%,应该是合情合理的。

根据这些假设,利用电子表格输入相关数据,就可立即计算出该房屋价值 67 万元。也就是说,如果以 67 万元买入长期持有,以赚租金收入为主要目的,相当于买利率 5%的银行定存,因为这 5%就是投资人预期的回报率,也是年化投资回报率。如果未来租金一样，以较低的房价买入，回报率当然就愈高了。

如果你学会评估房屋的价值，不管你想买房自住还是租房，心里都知道自己的算盘该怎么打，就能轻松做决策了。

怪老子语录

会算房屋价值，就不担心别人乱喊价，害你做错决定。

下载文件这样算11 房屋价值评估试算

网址：http://www.masterhsiao.com.tw/Books/978-986-86651-2-5/index.php

下载项目：房屋价值评估试算

图　示

	A	B
1	目前月租金	2000 元
2	租金年增长率	2.5%
3	房屋能用年数	50 年
4	要求年化回报率	5%
5	重建分配比例	0
6	房屋价值	672260 元

用　法

可以用月租金及投资回报率，来推估一套房子到底值多少钱。以图示中的例子来说，这套房子目前月租金为 2000 元，而且预估租金每年会以 2.5%增长，若这套房子还能用 50 年，房屋重建比例为 0，在投资回报率为 5%的条件下，这套房子目前值 67 万元。

这样算

1. 目前的房屋租金？填入“目前月租金”栏。
2. 预估租金的年增长率？填入“租金年增长率”栏。
3. 房子还能用几年？填入“房屋能用年数”栏。
4. 投资者期望的年化回报率为多少？填入“要求年化回报率”栏。
5. 房屋重建比例？填入“重建分配比例”栏。
6. 填完后就会立即计算出这套房子目前的价值。

25. 买房后，办贷款也要有技巧

买了房子以后，接着面对的就是房屋贷款的问题。该贷多少钱，虽然在买房子时就应该已经决定了，但是后续的规划也很重要，只要规划得当，可以省掉相当多的利息。

基本上，贷款的还款方式可以分成"等额本金"（本金平均摊还）、"等额本息"（本息平均摊还）两种。不管选择哪一种还款方式，都必须确定自己有能力每个月按期缴交这些金额，否则将给自己的生活带来很大的麻烦。

无论是哪一种还款方式，每期的还款金额都可以分为本金及利息两部分，也就是：

每期还款金额＝本金＋利息

本金是跟银行借的钱，利息则是上一期的贷款余额乘上年利率再除以一年期数。随着每期的本金摊还，贷款余额就会逐渐减少，每期所要缴交的利息，也会一期比一期少。

等额本金还款,利息总和比较少

所谓的“等额本金”,就是在每个月的还款金额中,本金部分是固定的,利息部分则随着贷款余额而改变。举例来说,如果你向银行贷了40万元,年利率7.05%,贷款20年,那么你每期的缴款金额会逐月递减,但是摊还的本金,每一期都是一样的,金额是400000/240=1667元。

这种摊还方式的总缴利息,会比本息平均摊还的方式要小一些,但缺点是一开始的还款金额较高,然后才一期比一期少。这样的方式并不符合一般薪水族的收入状况,大部分贷款者每个月的收入是固定的,未来还可能加薪,收入应该会比以前高。可是本金平均摊还的缴款方式,并不符合这种收入状况,所以银行也不建议。

等额本息还款,本金愈还愈快

为了解决本金平均摊还的缺点,于是,有了“等额本息”,就是每个月缴纳的本金加利息的金额都一样。由于利息会随着贷款余额而改变,每个月的摊还本金也会跟着改变,一开始本金摊还的比例较少,但是本金会愈还愈多,利息也会跟着减少。既然每一期的还款金额一样,在后面的期数中,每一期缴交的利息就会变少,还的本金就会变多。

前面谈的都是观念,并未涉及实务,如果想要清楚地了解贷款的摊还情形，最简单的方式就是设计一个贷款的摊还表，清清楚楚地列出每个月到底缴了多少利息，还了多少本金，以及贷款余额是多少，如此一来，就可以把总缴利息算得一清二楚。

你是不是也会好奇自己到底缴交了多少贷款？本书提供一个用 EXCEL 制作的“贷款摊还表”，只要输入贷款金额、年数以及贷款年利率，就会立即计算出每一期的利息、本金摊还金额以及每期的贷款余额，尤其是贷款人最关心的总缴利息金额，也会一并计算出来。

●贷款年数长，月缴金额就少

房屋贷款通常是一笔非常大的金额，贷款期限愈长，每个月所缴的金额就会愈少。所以到底要贷款多久？又该如何选择呢？

通过房贷摊还表，只要改变贷款年数，就会立即算出每个月的缴款金额。假设贷款 40 万元，1～3 年贷款利率为 6.65%，4～5 年贷款利率为 6.9%，5 年以上贷款利率为 7.05%。

从表 5－2 中我们可以看出，年数由 1 年到 3 年时，月缴纳金额就会大幅度减少，从每月 34546 元下降到 12286 元。当年数为 4 年时，月缴纳金额为 9559 元，而当贷款年数为 5 年时，月缴纳金额就为 7901 元，两者相差了约 1600 元。由 6 年到 20 年时，月缴纳金额从 6829 元下降到 3113 元。

表 5－2　不同贷款年数、贷款利率月缴金额比较(等额本息还款法)

年数(年)	月缴金额(元)	年数(年)	月缴金额(元)
1	34546	11	4364
2	17845	12	4124
3	12286	13	3923
4	9559	14	3753
5	7901	15	3607
6	6829	16	3480
7	6047	17	3370
8	5463	18	3274
9	5013	19	3189
10	4655	20	3113

●贷款年数长，总缴利息就多

每期缴款金额会随着贷款年数的增加呈现非线性的下降，而总缴利息却随着贷款年数的增加呈线性的上升。每多缴一年，就增加一年的利息金额，也就是说，如果想节省利息，应该在缴得起的情况下，尽可能地缩短贷款年限，尤其是 15 年到 20 年期间，每月缴款金额只增加一点点，总缴利息却可省下不少。

表 5－3 是贷款 40 万元，1～3 年贷款利率为 6.65％，4～5 年贷款利率为 6.9％，5 年以上贷款利率为 7.05％，不同年数总缴纳利息金额的对比。

表 5-3　不同贷款年数、贷款利率总缴纳利息比较(等额本息还款法)

年数(年)	总缴纳利息(元)	年数(年)	总缴纳利息(元)
1	14554	11	176065
2	28295	12	193884
3	42329	13	212010
4	58878	14	230440
5	74097	15	249171
6	91703	16	268197
7	107936	17	287515
8	124491	18	307120
9	141366	19	327007
10	158558	20	347171

我们可以看出,当贷款年数为 1 年时,总缴纳利息为 14554 元,而当年数增长到 3 年时,总缴纳利息就为 42329 元,后者是前者的将近 3 倍。贷款年数为 5 年比 4 年多缴纳总利息将近 1.5 万元。而贷款 20 年比 10 年多缴纳总利息达近 19 万元。

我们再以分析图的形式来看不同贷款年数月缴金额和总贷款利息的变化(参见图 5-1 和图 5-2)。

贷款 10 年时,每个月要缴 4655 元,10 年期满时,总共缴交的利息是 158558 元;贷款 20 年时,每个月要缴 3113 元,20 年期满时,总共缴交的利息是 347171 元。一目了然：每月需要缴还的贷款本利和随着贷款年数的增加而减少,但总的缴纳利息随着贷款年数的增加而增加。

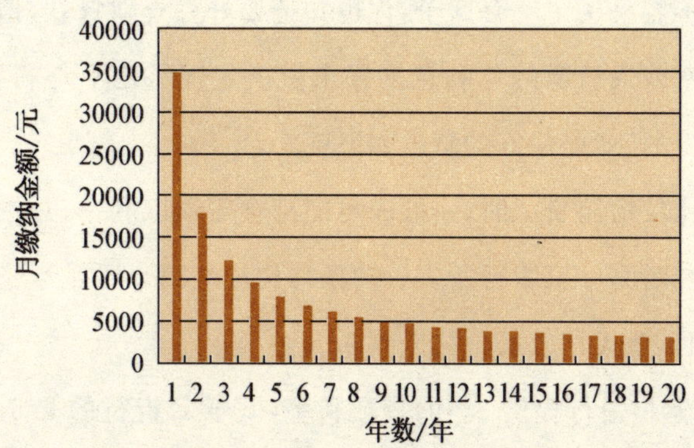

图 5-1 不同贷款年数、贷款利率月缴金额变化(等额本息还款法)

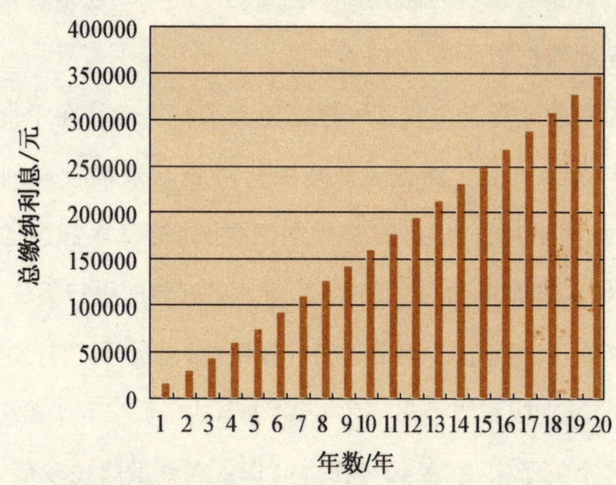

图 5-2 不同贷款年数、贷款利率总缴纳利息变化(等额本息还款法)

选择贷款年数,有点像长痛短痛之间的选择,短痛就是每个月缴多一点,省了利息;长痛就是每个月少缴一点,但利息就要多付很多。

总利息较少，不一定比较划算

好不容易买了一套房子，你也知道要好好规划贷款，但能不能只用利率或最后缴的总利息多寡来做决定呢？是不是利率低的、总利息少的，就是最好的贷款方案呢？

在比较房屋贷款时，一般人可能都会习惯以利率、总缴利息的多寡来判断哪一家银行所提供的条件比较优惠。可是当贷款条件不一样时，就无法直接这样来判断。

假设A银行提供6%的贷款利率，低于B银行的6.5%，你可能一下子以为A银行条件比较好，但最后却发现A银行的总缴利息却高于B银行。这是怎么回事？这当中的原因就是贷款年数不一样。详细数据请看表5-4。

你的贷款究竟是贷贵了？还是便宜了？关键就在于贷款利率与贷款年数的关系。贷款利率是银行对贷款余额收取利息的比例，利息是每年都会收取的，贷款期限愈长，被收取利息的年数就愈多，所缴的利息就愈多。简单说，贷款就好像向银行买钱，贷款利率就是单价，以每年多少百分比为计算单位，也是"贵"与"便宜"的衡量方式；贷款期限相当于买"多"与买"少"，期限愈长等于买得愈多。

以这个例子来说，A银行提供的贷款利率虽然比较低，但是贷款年数较久，所以要缴的总利息当然也比较多。不过，贷款金额同样都是40万元，贷款期限20年的A银行，比起贷款期限15年的B银行，每月本息金额比较低，A银行每月只需缴纳2866元，可是

B 银行每月则必须缴纳 3484 元，对于经济负担较大的贷款人，选择 A 银行贷款，可能比较负担得起。

表 5－4　A 银行贷款利率较低，总缴利息却较高

银行	贷款年数	年利率	贷款金额	月付款	总缴利息
A 银行	20 年	6%	40 万元	2866 元	287774 元
B 银行	15 年	6.5%	40 万元	3484 元	227197 元

其实，选择贷款时，最正确的方式是看利率高低，而不是看总利息，也就是选择贷款利率比较低的银行。但也不是这样就万事大吉了，你还要勇敢开口，要求银行更换贷款年数。如果你算一算，其实每个月你缴得起 3484 元，那么就应该要求 A 银行同样提供 15 年的期限，如此一来，总缴利息一定低于 B 银行。因为年数一样，贷款利率较低者，总利息一定比较少。

通过 EXCEL 中的每期投资金额 PMT 财务公式试算（参见附录二），A 银行贷款利率 6%、15 年期的每月缴款金额为：

PMT(6%/12,15＊12,－400000)＝3375 元

可以看出每月缴款明显低于 B 银行的 3484 元，总缴利息也变成只有 207577 元，低于 B 银行的 227197 元，计算方式如下：

3375×12×15－200000＝207577 元

贷款利率愈低就愈便宜，贷款期限愈短就是买得愈少。所以，选择贷款的不二法门：找贷款利率愈低的银行，在能力范围内，贷款期限愈短，被银行赚走的利息就会愈少。

怪老子语录

贷款利率愈低，贷款期限愈短，就是愈好的贷款方案。

下载文件这样算 12 房贷摊还表

网址： http://www.masterhsiao.com.tw/Books/978-986-86651-2-5/index.php

下载项目：房贷摊还表

图示

	A	B	C	D	E
1	贷款金额	400000 元			
2	还款方式	等额本息			
3	贷款年数	20 年			
4	年利率	6%			
5	总缴利息	287774 元			
6					
7	期数(期)	贷款余额（元）	本金摊还（元）	利息（元）	缴款金额（元）
8	0	400000			
9	1	399134	866	2000	2866
10	2	398264	870	1996	2866
11	3	397390	874	1991	2866
12	4	396511	879	1987	2866
13	5	395628	883	1983	2866

用　法

只要输入贷款金额、还款方式、贷款年数以及贷款年利率，就会立即计算出每一期的利息、本金摊还金额以及每期的贷款余额，尤其是贷款者最关心的总缴利息金额，也会一并计算出来。

这样算

1. 银行的贷款金额？填入“贷款金额”栏。

2. 选择还款方式，等额本息还是等额本金（一般为等额本息）？填入“还款方式”栏。

3. 将贷款多少年？填入“贷款年数”栏。

4. 房贷利率？填入“年利率”栏。

5. 填完后会算出每月缴款明细、缴款金额，以及总缴利息为多少。

26. 银行宣传花招多，聪明转贷不吃亏

如果你办完贷款手续，缴交一段时间后发现，别家银行提供更低的利率，你要不要办理转贷呢？

前一篇文章中提到，利率愈低就是资金愈便宜，所以只要有另外一家银行，可以提供比现有银行更优惠的利率，理论上就应该转贷才是。只是转贷并不是没有成本，要将因转贷所产生的费用，一并计入才是较为正确的做法。

本书提供一个转贷电子表格，读者只需输入目前的贷款情况，就可以算出转贷的银行必须提供低于多少的贷款利率才划算，如果没有这样的利率，就不用费心转贷了。

举例来说，James 目前的房屋贷款余额为 337042 元，如果目前银行利率为 7.47%，尚有 180 期才缴清，目前有一家新银行愿意提供 7.35%的利率。只是 James 与之前的银行订有契约，如果转贷必须支付违约费用 3000 元。

如果不转贷就不用花这笔钱，那么通过转贷，可以多赚这么多钱吗？只要将前述的数据，输入"转贷评估电子表格"，就可以马上知道新的银行贷款利率必须低于 7.33%(参见表 5-5)，否则就不划算。

表 5-5　转贷评估试算范例

	A	B
1	贷款余额	378231 元
2	贷款剩余期数	180 期
3	目前月缴金额	3500 元
4	违约费用	3000 元
5	估算目前银行利率	7.47%
6	转贷银行利率必须低于	7.338556%

转贷评估电子表格的计算逻辑是：如果每个月都缴交相同的金额 3500 元，贷款利率愈低就可以贷到愈多的钱，那么 7.33%的贷款利率，期数 180 期，利用 EXCEL 的现值(PV)财务函数试算，就可以算出贷款的金额是：

PV(7.34%/12,180,－3500)＝381757

再扣除 3000 元的违约金之后，等于 378757 元，比目前的贷款金额 378231 元，两者只相差 526 元，这只是贷款利率的小数点误差，精确的转贷利率应该小于 7.338556%，用这个数字就一样了。

所以，新银行只提供 7.35%的利率，James 实在不必大费周章地转贷。最实际的方式是与原来的银行协商，请他们自动降低利率。如果银行执意不降低贷款利率，那就没办法，也只好“吞下来”，毕竟转贷对自己不利。

到底是否该办理转贷？决定于转贷所衍生的费用，如果转贷不会产生任何违约费与开办费等成本，只要新的银行低于原来贷款银行的利率，就值得转换银行了。当转贷费用愈高时，就应该要有更低的利率，来弥补这些费用，至于该低到多少才正确呢？这个转贷评估电子表格可以给你正确的答案。

怪老子语录

评估转贷时，一定要算一下转贷费用，能不能从利率降低省下来的利息中赚回来。

下载文件这样算13 转贷评估试算

网址： http://www.masterhsiao.com.tw/Books/978-986-86651-2-5/index.php

下载项目： 转贷评估电子表格

图　示

	A	B
1	贷款余额	337042 元
2	贷款剩余期数	180 期
3	目前月缴金额	2866 元
4	违约费用	3000 元
5	估算目前银行利率	6.12%
6	转贷银行利率必须低于	5.981118%

用　法

这个电子表格主要是考虑转贷时会产生的费用后,新银行至少应该提供多低的贷款利率才划算。这些费用包括原来的银行是否会收违约费用,以及新银行所需要的开办费用,例如代书费、账务管理费用等。

只要输入目前的贷款余额、还有多少期数未缴以及目前每月的缴款金额。同时再输入这些转贷费用,就可以算出划算的转贷方案。

以图示中的例子来说明,目前旧贷款还剩337042元,还有180期才缴清,而且目前每月缴款金额为2866元,以上数据都可以请银行提供。转贷的违约费用是3000元,在这种情况下,若新银行无法提供低于5.98%的利率,其实是不划算的。

这样算

1. 旧银行的贷款余额?填入“贷款余额”栏。
2. 旧贷款还剩多少期缴清?填入“贷款剩余期数”栏。
3. 旧贷款目前的月缴金额是多少?填入“目前月缴金额”栏。
4. 旧贷款是否有违约费用?填入“违约费用”栏。
5. 新贷款的开办费用是多少?填入“开办费用”栏。
6. 填完后会算出目前旧银行的适用利率,以及新银行所提供的利率必须低于多少才划算。

想一想

不要一有银行愿意提供较低的贷款利率,就急忙去办理转贷。要考虑所衍生的费用因素,才是一个正确的选择。

27. 贷款买房来出租，这个算盘怎么打？

如果你看到一套不错的房子，但自己已经有地方住，这么好的机会放弃可惜，你想买下来出租，不够的资金就靠贷款来垫一下，这个投资计划好不好呢？

其实，算一算就知道好不好。

房地产与其他投资工具不一样的地方，就是特别适合财务杠杆，也就是说，有部分资金可以经由贷款来筹措，借以提升投资回报率。房地产可以出租获利，每年均有固定现金流入，不像股票之类的投资商品，可能投入本金，最后却无法收回，所以可以当成一种固定收益型商品。在这样的情形下，如果租金收入大于利息支出，就可以大胆使用财务杠杆。

举例来说，北京一套150万元的房子隔成7个房间出租，每间租金1500元，年租金收入就有1500×7×12＝126000元，所以租金回报率＝126000/1500000＝8.4％。每年126000元的租金收入，是由这套价值 150 万元的房子所创造的。不管这套房子是全部以现金购买，还是只有部分是自有资金，都不会影响这 126000 元的租金收入。

既然这样，用越小的资金来赚取这 126000 元，就越有利。例如自有资金 70 万元，贷款 80 万元，贷款利率为 7.1%，一年利息支出则为 800000×7.1%＝56800 元。全年租金收入扣除利息后，还剩下 69200 元，虽然总收入少了一点，可是自有资金只拿出了 70 万元，所以总回报率就增加为 69200/700000＝9.9%。

总回报率也称为“自有资金回报率”，就是以投资者角度来看的回报率。总回报率由原来的 8.4%提升至 9.9%，当中的最大功臣就是杠杆投资，这多出来的 1.5%，就是由贷款所创造出来的。

如果贷款比例是 2∶8，也就是 30 万元的自备款、120 万元的贷款，利息金额为 85200 元，全年实际收入为 126000－85200＝40800 元，总回报率则变成 40800/300000＝13.6%。

我们可以发现，贷款比例愈高，回报率就愈高。表 5-6 是依照上述案例为基础，在不同贷款比例情况下，其总回报率的变化情形。贷款四成时，投资回报率为 9.2%；贷款九成时，投资回报率就会变成 20.1%。

此外，请务必注意，财务杠杆是双刃剑，可以提升回报率，也可能会增加损失。如果贷款利率升高了，或是租金收入不如预期，甚至出现亏损时，财务杠杆就会增加损失。

也许有人会觉得很奇怪，贷款要缴利息，收入应该变少，为什么反而是增加回报率呢？没错，使用财务杠杆来投资时，虽然要多缴利息，总收入变少，但是因为投入的金额更少，所以，最后的总回报率还是提高了。

我们再以 150 万元房子的案例来进行说明，如果投资人将自有现金 150 万元全部投入，一年租金总收入为 126000 元，租金回报率为 8.4%；若 75 万元自备，另外 75 万元贷款，租金回报率则增加至 9.7%。

表 5-6　不同贷款比例，总回报率的变化情形

贷款比例	总回报率
0	8.4%
10%	8.5%
20%	8.7%
30%	8.9%
40%	9.2%
50%	9.7%
60%	10.4%
70%	11.4%
80%	13.6%
90%	20.1%

如果这个投资人将现金 150 万元，拆成两组投资项目，每一组都投入 75 万元，其余的 150 万元则使用贷款。结果年租金收入增加到 145500 元（两个 72750 元），比起全部资金投入一个投资项目

的 126000 元就多了。

这么算，当然很划算，难怪有那么多人喜欢以房养房了。

财务杠杆公式

财务杠杆有一个很好用的公式，可以很清楚地说明房地产投资是如何利用贷款来提升投资回报率的，其公式如下：

总回报率＝租金回报率＋贷款金额/自有资金×
（租金回报率－贷款利率）

上述公式中的租金回报率，是指没有使用贷款时的回报率，也就是房地产对象本身所产出的获利率。公式中“租金回报率－贷款利率”这一项称为利差，也就是租金回报率与贷款利率之间的差额。这个利差会被杠杆倍数放大，而所谓的“杠杆倍数”就是“贷款金额/自有资金”。

当贷款金额为零时，杠杆倍数就等于零，此时总回报率就等于租金回报率。当贷款金额和自有金额两者相等时，杠杆倍数就是一倍，此时利差就会被放大一倍。杠杆倍数就好像放大镜一样，倍数愈大，效果就愈明显，而被放大的对象就是利差。

简单来说，利差乘上杠杆倍数，就是使用贷款所贡献的投资回报率。例如租金回报率为 8.4%，贷款 50%，贷款利率 7.1%，所以：利差＝8.4 %—7.1%＝1.3%，杠杆倍数＝0.5/0.5＝1，总回报率＝ 8.4%＋(0.5/0.5)×(8.4%－7.1%)＝9.7%。

若以上条件不变，相同的利差但是贷款成数增高为八成时，总回报率＝8.4％＋(0.8/0.2)×(8.4％－7.1％)＝13.6％。

假设租金回报率只有7.5％，可是贷款利率却是7％，这当中的利差只有0.5％。因为利差本身就小，所以即使杠杆倍数高，放大效果也是有限，以8倍的杠杆倍数来看，总回报率也只增加了8×0.5％＝4％。万一租金回报率下滑至7％，且贷款利率增加至8％，这时候的利差就变成负值(－1％)，损失也会增大，总回报率＝7％＋8×(－1％)＝－1％，不仅总回报率没有增加，反而变成负值。

从这个财务杠杆的公式来看，利差是一个很重要的参数，利差愈大风险就愈小。从房地产的角度来看，租金回报率与贷款利率的差额就是关键，两者差距愈大，整个投资风险就愈小，再利用适当的杠杆倍数，差距就很明显了。

怪老子语录

房地产投资特别适合进行财务杠杆操作，但仍要注意收入与利息的关系。

算出你的富足人生

想要一辈子过起码的富有生活，老实说，只靠薪资收入是没有办法办到的。如果你的收入来源只有薪资，你能做的就是一辈子省吃俭用，在全力抵抗通货膨胀之余，过着差强人意、勉强过得去的生活。现实就是这样，要致富除了创业成功之外，只有通过积极的投资理财才能达成。

看到市面上这么多理财书，我相信很多人都已经知道要理财，只是寻寻觅觅一直在找对自己有用的方法。我诚心地希望，我在本书分享的自学成功经验与心得分享，能让你得到某种启发，不再对投资这件事，觉得彷徨无助。

如果你想买股票，先问问自己为什么要用这个价钱买这只股票。如果无法回答这个问题，就不要买；如果想知道现在房价是否涨过头，就试算一下现在的房子值多少钱，看看市价是超估，还是低估。想把血汗钱掏出来投资之前，千万不要偷懒，一定要自己计算资产价值，之后你就可以很清楚地做决定，要买？还是要卖？心中自有主意。

所以，不要犹豫，请善加利用本书所提供的电子表格，任何你考虑的投资标的，这些表格都可以帮你算出一个参考根据。

此外，尽早结束以往仰赖的小道消息投资法吧，不要再盲目听人家说某只股票会涨，你就去买。这样的行为模式早已经注定，你是一个输家。因为靠别人的判断才行动的人，永远会错过最佳投资时机，永远成为输家。最好踏踏实实地把投资理财的知识学好，稳扎稳打，并建立一个属于自己的投资方式，让自己的财富稳健往上累积，才是根本的投资致富方式。投资市场上，10 个人中只有 1 个赢家，那个赢家通常都有自己的一套算法，本书就是帮助你找出自己的算法。

读过本书后，我相信你对投资理财的观念与方法已经有所掌握，接下来就要自己勤加练习，就好像一个熟练的飞行员总是拥有很高的飞行时数一样。投资理财是没有速成的，只有站稳马步，确实学好真功夫，然后一遍又一遍地练习。一开始不要用太多的资金，不要害怕失败，错了才知道问题在哪里，下次改正就好了。唯有这样，才能够在充满风险的投资环境里，达到风雨不摇的境界。

想当一个精明的投资人，你真正投注在投资这件事情上的时间有多少呢？马上打开你的计算机，下载本书的电子表格，好好地替自己的未来试算一下吧！

祝福你，一步一步，算出你的富足人生！

个人财务规划范例

●看一对新婚夫妻怎么规划什么时候买房子、买车子，还有生孩子？

想知道未来会有多少钱？什么时候可以买车？买房？实在不是很容易的事，未来的事，谁会知道呢？

我做了一个超实用的EXCEL电子表格，每项需求都不再个别考虑而是整体考虑。每一项收入及支出变动都会立即反应未来的整体财务状况，让你可以很清楚地看到财务全貌。有了这个电子表格，你的未来财务状况就可以一览无遗，你就可以一眼看到60岁会有多少钱？知道什么时候可以买车？什么时候可以买房？各时期的财务收支情形如何？让财务规划变得非常容易。

做好了财务规划，知道自己想过怎么样的生活，需要怎么样的

财务基础，才知道你应该追求怎么样的报酬率，以及怎么选择投资产品。可以说，财务规划就是你人生的理想生活蓝图，也是你操作理财投资工具时的根据与想达到的目标。

> http://www.masterhsiao.com.tw/Books/978-986-86651-2-5/index.php
> 下载项目：财务规划

下面，用一个案例来详细说明，如何使用这个财务规划表。

案例设定

31 岁的小张和 28 岁的小刘今年刚结婚。目前，两人还没有经济实力买房，暂时租房。不过，所幸夫妻两人都有收入，买房不是件不可能完成的任务。虽然生活在大城市，他们却不想做“丁克”一族，计划在小刘 31 岁那年要一个宝宝。

两人现有积蓄 15 万元。小张年收入 10 万元左右，预计 32～38 岁每年年收入较前一年会有 8%的上升，39～46 岁会有 5%的上升，之后一直到 60 岁退休，可能都不会再上升。小刘年收入 4 万元左右，预计此后的 10 年，每年会有 2%的上升，10 年之后可能也就不再上升。

至于支出，在小张 31～33 岁时，预计每年生活费用会有 6 万元。但等小张 34 岁宝宝出生以后，生活费用每年会上涨到 8 万元，到小张 44 岁时上升到 10 万元。

小张夫妇极为重视孩子的教育问题，希望孩子可以读到研究生。受教育固然是件有意义的事情，但近年来高昂的教育费用，却令绝大多数普通民众头疼不已。仅高等教育一项，预计将每年花费 2 万元。等小张 60 岁变成老张，孩子研究生毕业，可以自食其力时，生活费用会有所降低，约为 8 万元。

当然，人有旦夕祸福，小张夫妇颇有保险意识，除了单位缴纳的社会保险之外，他们还购买了商业保险作为补充。每年需缴纳 1.5 万元的保费，缴费期限为 20 年。

实际动手规划

如果可以很清楚地知道小张和小刘未来 30 年的财务状况，不仅令人安心，还可以安排更好的生活方式。即使状况不如预期，也知道该如何应对。到底是否需要削减生活费用，都有财务数据可以参考。

相信小张和小刘也不想一辈子租房子，两人也想知道到底何时才买得起房子，以及买多少钱的房子才不会拖垮自己的财务。

数据输入

在从怪老子理财网站上下载的财务规划试算表中，黄色（F1:F3，B17，F17，H17，E18:E46，G18:G46，J17:M46）的单元格是可以输入数据的部分，其他颜色的单元格都是公式，除非读者很了解 EXCEL 公式，否则不建议改动。“生活费用”及“教育费用”会根据所设定的通货膨胀率，自动考虑通胀因素，不论多久以后会用到的费用，只需以现今的价格考虑即可。而"房屋支出"及"保险费"没有考虑通胀因素。

1. 在年龄的第一个黄色单元格(B17)，输入小张目前的年龄"31"，其他年龄会自动增加。

2. 在小张 31 岁对应的"收入一"输入小张目前的年收入 10 万元，"收入二"输入小刘目前的年收入 4 万元。在"收入一增长率"输入小张的年收入增长率，"收入二增长率"输入小刘的年收入增长率。

3. 输入"生活费用"栏：

31～33 岁时输入 6 万元；

34～43 岁时输入 8 万元；

44～59 岁时输入 10 万元；

60 岁时输入 8 万元。

4. 输入小孩的"教育费用"，小张 52 岁时小孩进入大学，59 岁时小孩研究生毕业，期间每年费用为 2 万元。

5. 输入"保险费"栏，前 20 年每年 1.5 万元。

6. 输入投资报酬率(F1 单元格)：建议一开始用 6%即可。

7. 输入通货膨胀率(F2 单元格)：建议用 2%，具体视各国经济形势而定。

8. 输入现有积蓄(F3 单元格)：小张和小刘目前有 15 万元的积蓄。

观察结果

当数据输入完之后，EXCEL 立即显示每一年的总结余（如图一），可以看到每一年均扶摇直上，到了小张 60 岁时，还会拥有将近 1000 万元的积蓄。看了这个数据实在令人振奋，没想到退休时竟然可以拥有这么多的积蓄。试算结果的总结余见第 174 页的表一（小张和小刘买房前财务规划表）

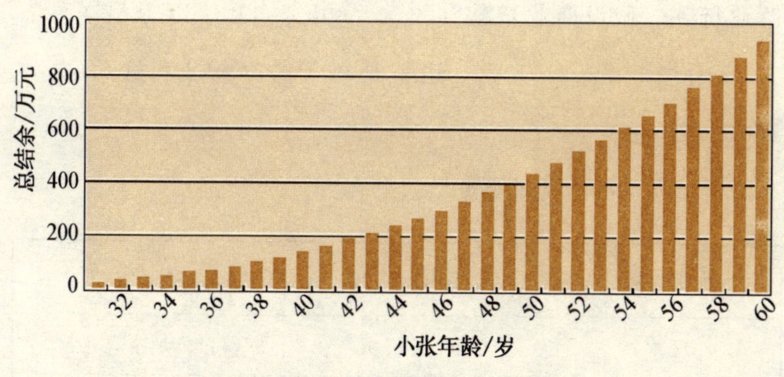

图一　没买房及买车的每年总结余

●问题一：什么时候可以买房子？

小两口正在高兴之余，突然想到还没有买房子。小刘一直看中爸妈附近一栋 150 万元的房子，不知是否买得起。假若以四成贷款，需要有 60 万元的首付款，90 万元的贷款。

赶快观察表一“总结余”那一栏，看看哪一年比 60 万元多，就知道何时可以买了。结果是小张 35 岁那年，总结余为 602564 元，也就是小张 36 岁可以开始考虑买房了，这里假设小张 37 岁那年买的房子。

●问题二：每个月要缴多少钱？

接下来要考虑的是以后每个月要缴多少贷款，是否有能力付得起？可用本书提供的电子表格。

由于公积金贷款最高额度为 80 万元，小张夫妇只有选择商业贷款。假设商业贷款利率为 7.05%，20 年以等额本息方式，每月缴款 7004.73 元。也就是每年的本金加利息，总共要 84056.76 元。

所以购房所需的现金流量如下表：

小张年龄	每年购房支出	备　注
37 岁	684056.76 元	首付款加本息还款
38～56 岁	84056.76 元	本息还款

只需要将这些数据输入到“房屋支出”那一栏，再观察总结余的变化(如图二)。

可以看出总结余在 37 岁时因购屋支出造成大幅减少，但是之后的金额，即使每月得缴贷款，财富还是扶摇直上。

同时在小张 52 岁以后也有能力支付小孩庞大的教育费用。从图二的结余看来，52 岁以后只造成短暂的“平坦”，到了

60岁时总共还有结余3129487元，看来他们的财务规划还满实际的。

试算结果的总结余如第176页的表二（小张和小刘买房后财务规划表）。

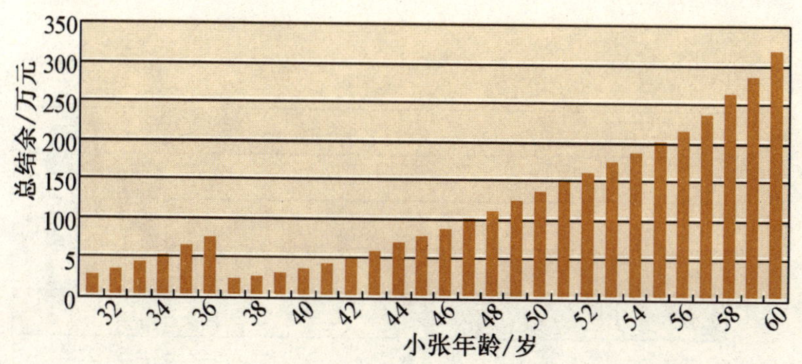

图二　买房后的总结余

问题三：什么可以买车子？

男人喜欢车，正如女人对衣服的痴迷。小张很早就想买辆车，尤其是有小孩后，出门很不方便。但若是在买房前买车，势必会耽误买房。一向讲求实际的小张，决定先购房再买车。

小张37岁买房那年，如果观察买房后的总结余状况，就会发现，买房当年还有18万元左右的剩余，似乎还有能力买车。所以小张预计在38岁那一年，买一辆18万元的车子，而且以后每7年换一辆车。

把这些数据输入EXCEL，就可立即看到结果。因为EXCEL

没有购车支出栏，建议加在教育费用那一栏，名称不重要自己知道就好。

结果如图三所示，显然还是有能力的，只是到了 60 岁退休时，只剩大约 100 万元左右现金。试算结果的总结余见第 178 页的表三。

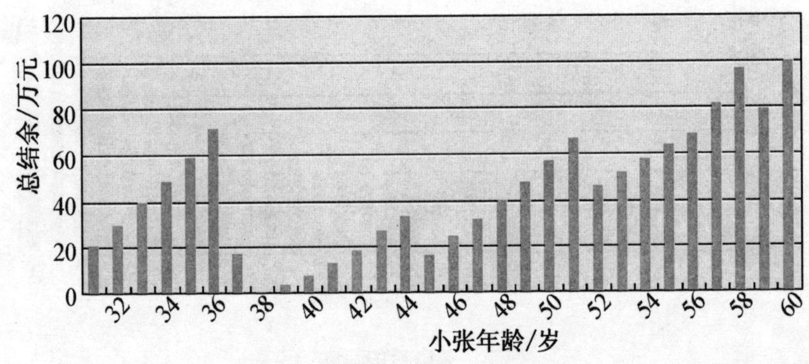

图三　买房及买车后的总结余

看到 60 岁退休时只剩 100 万元的现金，相信很多人会替小张和小刘担心。这时就得看看哪些部分需要调整。

最后定案是将 18 万元的车子改为 10 万元，由每 7 年换一辆车改为每 10 年换一辆车。44～59 岁的生活费用，也由原来的 10 万元下调为 9 万元。

调整后立即就可以看到总结余变化的情形，直到定案时 60 岁总结余大约 263 万元，每年的总结余如图四所示。试算的详细总结余见第 180 页的表四。

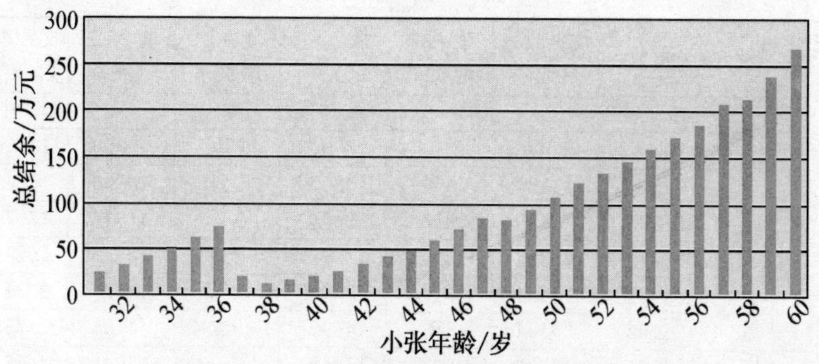

图四　最后定案的总结余

如果你是小张或小刘，不一定会满意这种规划方式。也许你们想提前买房子，但是买更便宜一些的房子，以减少贷款。不论如何，有了 EXCEL 这个有效的工具，调整只不过是弹指之间。这个例子只说明了如何使用规划工具，毕竟这是小张和小刘的数据。赶快输入自己的财务资料，立即可以知道退休时会有多少钱。

表一　小张和小刘买房前财务规划表

小张年龄（岁）	通胀指数	投资收入（元）	收入一增长率	收入一（元）	收入二增长率	收入二（元）	收入小计（元）
	1						
31	1.02	9000		100000		40000	149000
32	1.0404	13368	8%	108000	2%	40800	162168
33	1.061208	18453	8%	116640	2%	41616	176709
34	1.082432	24335	8%	125971	2%	42448	192754
35	1.104081	29804	8%	136049	2%	43297	209151
36	1.126162	36154	8%	146933	2%	44163	227250
37	1.148686	43483	8%	158687	2%	45046	247217
38	1.171659	51903	8%	171382	2%	45947	269233
39	1.195093	61533	5%	179952	2%	46866	288351
40	1.218994	72197	5%	188949	2%	47804	308950
41	1.243374	83983	5%	198397	2%	48760	331139
42	1.268242	96983	5%	208316	0	48760	354059
43	1.293607	111239	5%	218732	0	48760	378731
44	1.319479	126854	5%	229669	0	48760	405282
45	1.345868	142354	5%	241152	0	48760	432266
46	1.372786	159315	5%	253210	0	48760	461284
47	1.400241	177855	0	253210	0	48760	479825
48	1.428246	197343	0	253210	0	48760	499313
49	1.456811	217832	0	253210	0	48760	519802
50	1.485947	239380	0	253210	0	48760	541349
51	1.515666	262045	0	253210	0	48760	564014
52	1.54598	286792	0	253210	0	48760	588761
53	1.576899	310986	0	253210	0	48760	612956
54	1.608437	336410	0	253210	0	48760	638380
55	1.640606	363132	0	253210	0	48760	665102
56	1.673418	391226	0	253210	0	48760	693195
57	1.706886	420769	0	253210	0	48760	722739
58	1.741024	451844	0	253210	0	48760	753813
59	1.775845	484537	0	253210	0	48760	786507
60	1.811362	518941	0	253210	0	48760	820911

生活费用（元）	教育费用（元）	房屋支出（元）	保险费（元）	费用小计（元）	收支平衡（元）	总结余（元）	备　注
						150000	
60000			15000	76200	72800	222800	
60000			15000	77424	84744	307544	
60000			15000	78672	98036	405580	
80000			15000	101595	91160	496740	
80000			15000	103326	105824	602564	
80000			15000	105093	122157	724721	
80000			15000	106895	140322	865044	
80000			15000	108733	160500	1025544	
80000			15000	110607	177743	1203287	
80000			15000	112520	196431	1399718	
80000			15000	114470	216670	1616387	
80000			15000	116459	237600	1853987	
80000			15000	118489	260243	2114230	
100000			15000	146948	258335	2372565	
100000			15000	149587	282679	2655244	
100000			15000	152279	309006	2964250	
100000			15000	155024	324801	3289050	
100000			15000	157825	341488	3630538	
100000			15000	160681	359121	3989659	
100000			15000	163595	377754	4367413	
100000				151567	412448	4779861	
100000	20000			185518	403244	5183105	高等教育
100000	20000			189228	423728	5606833	高等教育
100000	20000			193012	445367	6052200	高等教育
100000	20000			196873	468229	6520429	高等教育
100000	20000			200810	492385	7012815	高等教育
100000	20000			204826	517912	7530727	高等教育
100000	20000			208923	544890	8075617	高等教育
100000	20000			213101	573405	8649022	高等教育
80000				144909	676002	9325024	

表二　小张和小刘买房后财务规划表

小张年龄（岁）	通胀指数	投资收入（元）	收入一增长率	收入一（元）	收入二增长率	收入二（元）	收入小计（元）
	1						
31	1.02	9000		100000		40000	149000
32	1.0404	13368	8%	108000	2%	40800	162168
33	1.061208	18453	8%	116640	2%	41616	176709
34	1.082432	24335	8%	125971	2%	42448	192754
35	1.104081	29804	8%	136049	2%	43297	209151
36	1.126162	36154	8%	146933	2%	44163	227250
37	1.148686	43483	8%	158687	2%	45046	247217
38	1.171659	10859	8%	171382	2%	45947	228189
39	1.195093	12983	5%	179952	2%	46866	239801
40	1.218994	15691	5%	188949	2%	47804	252444
41	1.243374	19043	5%	198397	2%	48760	266200
42	1.268242	23104	5%	208316	0	48760	280180
43	1.293607	27884	5%	218732	0	48760	295376
44	1.319479	33453	5%	229669	0	48760	311882
45	1.345868	38306	5%	241152	0	48760	328218
46	1.372786	43981	5%	253210	0	48760	345950
47	1.400241	50557	0	253210	0	48760	352527
48	1.428246	57364	0	253210	0	48760	359334
49	1.456811	64411	0	253210	0	48760	366381
50	1.485947	71710	0	253210	0	48760	373680
51	1.515666	79272	0	253210	0	48760	381241
52	1.54598	88009	0	253210	0	48760	389978
53	1.576899	95233	0	253210	0	48760	397203
54	1.608437	102668	0	253210	0	48760	404638
55	1.640606	110322	0	253210	0	48760	412292
56	1.673418	118204	0	253210	0	48760	420173
57	1.706886	126322	0	253210	0	48760	428292
58	1.741024	139730	0	253210	0	48760	441700
59	1.775845	153697	0	253210	0	48760	455666
60	1.811362	168251	0	253210	0	48760	470220

生活费用（元）	教育费用（元）	房屋支出（元）	保险费（元）	费用小计（元）	收支平衡（元）	总结余（元）	备　注
						150000	
60000			15000	76200	72800	222800	
60000			15000	77424	84744	307544	
60000			15000	78672	98036	405580	
80000			15000	101595	91160	496740	
80000			15000	103326	105824	602564	
80000			15000	105093	122157	724721	
80000		684057	15000	790952	－54735	180987	买房
80000		84057	15000	192790	35399	216386	
80000		84057	15000	194664	45137	261523	
80000		84057	15000	196577	55868	317391	
80000		84057	15000	198527	67673	385064	
80000		84057	15000	200516	79664	464728	
80000		84057	15000	202546	92830	557558	
100000		84057	15000	231005	80877	638435	
100000		84057	15000	233644	94574	733009	
100000		84057	15000	236336	109615	842624	
100000		84057	15000	239081	113446	956070	
100000		84057	15000	241882	117452	1073522	
100000		84057	15000	244738	121643	1195165	
100000		84057	15000	247652	126028	1321193	
100000		84057		235624	145618	1466811	
100000	20000	84057		269575	120404	1587214	高等教育
100000	20000	84057		273285	123918	1711132	高等教育
100000	20000	84057		277069	127568	1838700	高等教育
100000	20000	84057		280930	131362	1970062	高等教育
100000	20000	84057		284867	135306	2105368	高等教育
100000	20000			204826	223465	2328834	高等教育
100000	20000			208923	232777	2561611	高等教育
100000	20000			213101	242565	2804176	高等教育
80000				144909	325311	3129487	

表三　小张和小刘买房、买车后财务规划表

小张年龄（岁）	通胀指数	投资收入（元）	收入一增长率	收入一（元）	收入二增长率	收入二（元）	收入小计（元）
	1						
31	1.02	9000		100000		40000	149000
32	1.0404	13368	8%	108000	2%	40800	162168
33	1.061208	18453	8%	116640	2%	41616	176709
34	1.082432	24335	8%	125971	2%	42448	192754
35	1.104081	29804	8%	136049	2%	43297	209151
36	1.126162	36154	8%	146933	2%	44163	227250
37	1.148686	43483	8%	158687	2%	45046	247217
38	1.171659	10859	8%	171382	2%	45947	228189
39	1.195093	329	5%	179952	2%	46866	227147
40	1.218994	2278	5%	188949	2%	47804	239031
41	1.243374	4826	5%	198397	2%	48760	251982
42	1.268242	8033	5%	208316	0	48760	265109
43	1.293607	11908	5%	218732	0	48760	279400
44	1.319479	16520	5%	229669	0	48760	294948
45	1.345868	20356	5%	241152	0	48760	310268
46	1.372786	10418	5%	253210	0	48760	312388
47	1.400241	14982	0	253210	0	48760	316951
48	1.428246	19654	0	253210	0	48760	321623
49	1.456811	24438	0	253210	0	48760	326408
50	1.485947	29338	0	253210	0	48760	331308
51	1.515666	34358	0	253210	0	48760	336327
52	1.54598	40400	0	253210	0	48760	342370
53	1.576899	28071	0	253210	0	48760	330041
54	1.608437	31477	0	253210	0	48760	333446
55	1.640606	34859	0	253210	0	48760	336829
56	1.673418	38213	0	253210	0	48760	340183
57	1.706886	41532	0	253210	0	48760	343502
58	1.741024	49853	0	253210	0	48760	351822
59	1.775845	58426	0	253210	0	48760	360396
60	1.811362	48085	0	253210	0	48760	350055

生活费用（元）	教育费用（元）	房屋支出（元）	保险费（元）	费用小计（元）	收支平衡（元）	总结余（元）	备　注
						150000	
60000			15000	76200	72800	222800	
60000			15000	77424	84744	307544	
60000			15000	78672	98036	405580	
80000			15000	101595	91160	496740	
80000			15000	103326	105824	602564	
80000			15000	105093	122157	724721	
80000		684057	15000	790952	－543735	180987	买房
80000	180000	84057	15000	403688	－175499	5488	买车
80000		84057	15000	194664	32483	37971	
80000		84057	15000	196577	42455	80425	
80000		84057	15000	198527	53455	133880	
80000		84057	15000	200516	64593	198473	
80000		84057	15000	202546	76855	275328	
100000		84057	15000	231005	63943	339271	
100000	180000	84057	15000	475900	－165632	173639	买车
100000		84057	15000	236336	76053	249692	
100000		84057	15000	239081	77870	327562	
100000		84057	15000	241882	79742	407304	
100000		84057	15000	244738	81670	488974	
100000		84057	15000	247652	83656	572630	
100000		84057		235624	100704	673334	
100000	200000	84057		547851	－205481	467852	买车＋高教
100000	20000	84057		273285	56756	524608	高等教育
100000	20000	84057		277069	56377	580985	高等教育
100000	20000	84057		280930	55899	636884	高等教育
100000	20000	84057		284867	55316	692200	高等教育
100000	20000			204826	138675	830875	高等教育
100000	20000			208923	142899	973774	高等教育
100000	200000			532753	－172357	801417	买车＋高教
80000				144909	205146	1006563	

表四　最后定案的财务规划

小张年龄（岁）	通胀指数	投资收入（元）	收入一增长率	收入一（元）	收入二增长率	收入二（元）	收入小计（元）
	1						
31	1.02	9000		100000		40000	149000
32	1.0404	13368	8%	108000	2%	40800	162168
33	1.061208	18453	8%	116640	2%	41616	176709
34	1.082432	24335	8%	125971	2%	42448	192754
35	1.104081	29804	8%	136049	2%	43297	209151
36	1.126162	36154	8%	146933	2%	44163	227250
37	1.148686	43483	8%	158687	2%	45046	247217
38	1.171659	10859	8%	171382	2%	45947	228189
39	1.195093	5953	5%	179952	2%	46866	232771
40	1.218994	8240	5%	188949	2%	47804	244993
41	1.243374	11145	5%	19397	2%	48760	258301
42	1.268242	14731	5%	208316	0	48760	271807
43	1.293607	19008	5%	218732	0	48760	286501
44	1.319479	24046	5%	229669	0	48760	302474
45	1.345868	29126	5%	241152	0	48760	319038
46	1.372786	35057	5%	253210	0	48760	337027
47	1.400241	41922	0	253210	0	48760	343892
48	1.428246	49051	0	253210	0	48760	351020
49	1.456811	47887	0	253210	0	48760	349856
50	1.485947	55068	0	253210	0	48760	357037
51	1.515666	62522	0	253210	0	48760	364492
52	1.54598	71164	0	253210	0	48760	373134
53	1.576899	78305	0	253210	0	48760	380275
54	1.608437	85671	0	253210	0	48760	387640
55	1.640606	93270	0	253210	0	48760	395240
56	1.673418	101113	0	253210	0	48760	403082
57	1.706886	109210	0	253210	0	48760	411179
58	1.741024	122615	0	253210	0	48760	424585
59	1.775845	126153	0	253210	0	48760	428123
60	1.811362	140120	0	253210	0	48760	442090

生活费用（元）	教育费用（元）	房屋支出（元）	保险费（元）	费用小计（元）	收支平衡（元）	总结余（元）	备　注
						150000	
60000			15000	76200	72800	222800	
60000			15000	77424	84744	307544	
60000			15000	78672	98036	405580	
80000			15000	101595	91160	496740	
80000			15000	103326	105824	602564	
80000			15000	105093	122157	724721	
80000		684057	15000	790952	－543735	180987	买房
80000	100000	84057	15000	309956	－81767	99220	买车
80000		84057	15000	194664	38107	137327	
80000		84057	15000	196577	48416	185743	
80000		84057	15000	198527	59774	245517	
80000		84057	15000	200516	71291	316808	
80000		84057	15000	202546	83955	400763	
90000		84057	15000	21810	84664	485428	
90000		84057	15000	220185	98853	584280	
90000		84057	15000	222608	114419	698699	
90000		84057	15000	225079	118813	817512	
90000	100000	84057	15000	370424	－19403	798109	买车
90000		84057	15000	230170	119686	917795	
90000		84057	15000	232792	124245	1042040	
90000		84057		220467	144025	1186065	
90000	20000	84057		254115	119019	1305084	高等教育
90000	20000	84057		257516	122759	1427843	高等教育
90000	20000	84057		260985	126655	1554498	高等教育
90000	20000	84057		264524	130716	1685214	高等教育
90000	20000	84057		268133	134949	1820163	高等教育
90000	20000			187758	223422	2043585	高等教育
90000	120000			365615	58970	2102555	买车＋高教
90000	20000			195343	232780	2335335	高等教育
80000				144909	297181	2632516	

EXCEL 财务公式

● 6 个好用的财务公式，让 EXCEL 帮你轻松算，轻松赚。

在投资规划上，我们常常需要一些计算，例如我们想知道向银行贷款 30 万元，分 20 年本息定额偿还，那么每月应该支付多少钱？或者有一只基金，5 年的回报率为 96%，那么年化回报率是多少？

诸如此类的问题，都可以靠 EXCEL 快速算出答案，非常实用。我相信很多人都会使用 EXCEL，但是除了财务专业人士外，能把财务函数用得很熟练的人似乎也不多。

本书正文的写法，是以一般投资人在投资理财时，可能会遇到的各种问题切入，着重进行财务考虑上的观点说明，并直接示范 EXCEL 的财务试算功能，来算出各项投资是否划算，以便做出聪明决策。

本附录特别详细说明 EXCEL 的财务函数在投资理财上的应

用。因为篇幅关系，在此介绍 6 个常见的财务函数 FV、PV、RATE、PMT、NPER 与 IRR，并试着举范例来应用，让一般人都能容易上手。先介绍前 5 个财务函数的功能及参数（相关变量）：

表一　前 5 个财务函数的功能及参数

函数	功能（意义）	参　数
FV	到期后未来值（终值）	＝FV(rate, nper, pmt, [pv], [type])
PV	单笔的现值	＝PV(rate, nper, pmt, [fv], [type])
RATE	每期的利率或回报率	＝RATE(nper, pmt, pv, [fv], [type], [guess])
PMT	每期投资金额	＝PMT(rate, nper, pv, [fv], [type])
NPER	期数	＝NPER(rate, pmt, pv, [fv], [type])

这 5 个函数其实是跟金额的时间价值息息相关的函数。当你知道其中任何 4 个就可以求出剩下的那 1 个。例如已知每期利率 RATE、期初投资金额 PV、每期投入 PMT 以及期数 NPER，就可得知期末本利和 FV。

参数部分打中括号[]的代表是可以省略的参数，其余部分则是必须有的参数。

EXCEL 财务试算操作说明

1. 先找到 EXCEL 工作表中的 fx 工具列。也就是我们平常输入文字的那一个空白列。

2. 每一次输入算式时，都要先输入“＝”等号。这个意义就是告诉 EXCEL，你正在处理一个算式，当你输入算式的完整资料，EXCEL 就会自动算出结果了。

3. 本附录中的财务函数，在使用时一定要记得把函数名称与所需参数完整输入，才会算出来哦。

一、未来值(终值)函数(Future Value, FV)

当利率 RATE、期数 NPER、期初投资 PV 及每期投资 PMT 均为已知时，所求得的未来本利和。

公式＝FV(rate, nper, pmt, [pv], [type])

● **用法 1：整存整取定存**

以"整存整取定存"存入银行 10 万元，每月复利 1 次计算，年利率 5%，期间为半年。到期后本利和为多少？

> RATE ＝5%/12(每月为 1 期，月利率 ＝ 年利率 /12)
> NPER ＝6(半年分 6 期)
> PMT ＝0(只有单笔所以设定 0)
> PV ＝ －100000(存入银行 10 万元，现金流出所以为负值)
> FV(5%/12,6,0, －100000) ＝ 102526
> 就是期末领回本利和 102526 元。

● **用法 2：零存整付定存**

每月期初均存款 1000 元至银行，年利率 4.5%，1 年后(12 期)会领回多少钱？

RATE＝4.5％/12(每月为 1 期，月利率＝年利率/12)
NPER＝12(分 12 期)
PMT＝－1000(每月定期 1000 元，因为现金流出所以负值)
PV＝0(期初没有单笔投入，所以为 0)
FV(4.5％/12,12，－1000,0,1) ＝12297
期末领回 12297 元。

● 用法 3：预估投资收益

如果你现在 37 岁，拥有存款 20 万元可以投资，每个月扣除生活开销外，尚有余钱 3000 元可以投资用，预计 60 岁退休，每年平均投资回报率设定为 6％，到退休时，会拥有多少钱？

RATE ＝6％/12(每月为 1 期，月利率 ＝ 年利率 /12)
NPER ＝12 * (60－37)(投资期数 276 期)
PMT ＝ －3000(每月投资 3000 元)
PV ＝ －200000 (期初投 20 万元)
FV(6％/12,12 * (60－37)，－3000，－200000,1) ＝2577890
对了，你会拥有 2577890 元。

如果想知道每年平均投资回报率为 8％，结果会变成什么？

只需要将上述公式 6％改为 8％：

FV(8％/12,12 * (60－37),－3000,－200000,1)＝3633609。

我们立即知道相差约百万元，这可不是个小数目！

二、现值函数(Present Value, PV)

当利率 RATE、期数 NPER、期末金额 FV 及每期投资 PMT 均为已知时，所求得的现值。

> 公式=PV(rate, nper, pmt, [fv], [type])

● 用法 1：退休金的现值

预期 5 年后可以拿到 20 万元的退休金，假使通货膨胀率每年以 2%增长，相当于现在的多少元？

> RATE =2%(1 期为 1 年，每年以 2%增长)
> NPER =5(1 年 1 期，所以期数等于 5)
> PMT =0(每期没有投资，所以为 0)
> FV =200000(期末拿到 20 万元退休金)
> PV(2%,5,0,200000)= −181146

这代表 5 年后的 20 万元，如果计算通货膨胀后，只相当于现今的 181146 元。

负值的意义是代表现金流出，现在拿出约 18 万元，5 年后换回 20 万元。

● 用法 2：债券的价值

债券每半年领息 2000 元，3 年半后到期，到期领回 5 万元，若以年利率3%计算，相当于现在多少钱？

RATE =3%/2(每半年为1期，每期利率为年利率除以2)
NPER =7(3年半，每半年1期总共7期)
PAYMENT =2000(每半年定期领息2000元)
FV =50000(到期领回5万元)
PV(3%/2,7,2000,50000)=-58248

负值代表必须现在拿出58248元，才可换得此债券未来的利息及本金。

三、回报率函数(RATE)

当期数NPER、每期投资PMT、期初投资PV及期末金额FV均为已知时，所求得的等值利率或回报率。

公式=RATE(nper, pmt, pv, [fv], [type], [guess])

● **用法1：汽车贷款利率**

买一辆新车20万元，已付头期款5万元，其余15万元，分3年36期贷款，每期需缴纳4563元，该贷款年利率为多少？这通常可以用来检验车商告诉我们的贷款利率是否确实。

NPER=36(每月1期分36期支付)
PMT=-4563(每期支付4563元)

PV＝150000(贷款 15 万元)

RATE(36，－4563,150000) ＝0.5％

所求出为月利率,年利率必须再乘以 12,所以等于 6％。

● **用法 2：投资年化回报率 I**

有一只股票型基金,期初投资 10 万元,经过 5 年后,该基金净值增长至 22 万元,求该基金的年化回报率?

NPER ＝5(每年为 1 期,分 5 期计算)

PMT ＝0(每期没有投资,所以为 0)

PV ＝ －100000(期初投资 10 万元,现金流出)

FV ＝ 220000(期末净值 22 万元,现金流入)

RATE(5,0，－100000,220000) ＝17.08％

这相当于每年固定以年利率 17.08％增长。

● **用法 3：投资年化回报率 II**

有一只股票型基金,每月定期定额投资 500 元,经过 5 年后,该基金净值为 5 万元,求该基金的年化回报率?

NPER＝5 * 12(每月为 1 期,分 60 期计算)

PMT＝－500(每月投资 500 元,现金流出)

PV＝0(期初没有单笔投资,所以为 0)

FV＝50000(期末净值 5 万元)

RATE(5 * 12,−500,0,50000) * 12=2%
这相当于每年固定以年利率 2% 增长(每月为 1 期,所以 RATE 的计算结果为月利率,必须乘以 12 才会成为年利率)。

四、每期投资金额函数(PMT)

期初投资 PV、每期利率 RATE、期数 NPER 及期末值 FV 均为已知时,求得每期该投资多少金额。

公式=PMT(rate, nper, pv, [fv], [type])

● **用法 1:等额本息偿还贷款**

向银行贷款 100 万元买房,年利率 7%,以等额本息商业贷款,分 20 年偿还,每月该缴款多少钱?

RATE=7%/12(每月为 1 期,月利率=年利率/12)
NPER=20 * 12(分 20 * 12=240 期偿还)
PV=1000000(贷款金额 100 万元)
PMT(7%/12,20 * 12,1000000)=−7753
每月必需缴款本息 7753 元(因为是现金流出所以是负值)。

● **用法 2:退休规划**

如果你目前拥有存款 20 万元,希望 20 年后退休,退休时必须拥有现金 200 万元，如果以年回报率 6%计算，每月该定期定额投资多少钱？

RATE=6%/12（每月为 1 期，月利率=年利率/12）
NPER=20 * 12（分 20 * 12=240 期投资）
PV=－200000（期初投资 20 万元）
FV=2000000（期末金额 200 万元）
PMT(6%/12,20 * 12,－200000,2000000)=－2896
每月需要投资 2896 元才有机会达成目标。

如果每月投资金额过大，试着把投资期间改为 25 年，再看结果：

PMT(6%/12,25 * 12, －200000,2000000) = －1597

试着调整这些参数，直到适合你自己的状况为止。如果你要调整年回报率的话，请同时考虑所带来的波动风险。

五、期数函数(NPER)

当每期利率 RATE、每期投资金额 PMT、期初投资 PV 及期末值 FV 均为已知时，求多少期可以达成目标。

公式 =NPER(rate, pmt, pv, [fv], [type])

● 用法 1：退休规划

如果你目前拥有存款 20 万元，退休时你希望拥有现金 200 万元，以年回报率 6%计算，每月有能力投资 3000 元，多久以后可以退休?

RATE＝6%/12(每月为 1 期，月利率＝年利率/12)
PMT＝－3000(每月投资 3000 元)
PV＝－200000(已有 20 万元)
FV＝2000000(期末金额 200 万元)
NPER(6%/12，－3000，－200000，2000000)＝236
所以投资 236 期后可以退休。每月为 1 期，除以 12 得到约 20 年可达成目标。

六、内部回报率函数(IRR)

一个投资项目一定会有现金流量产生，只要列出这项投资的现金流量表，就可以计算出整体投资的回报率。EXCEL 提供了相当好用的 IRR 函数，只要输入现金流量，就会计算出投资回报率。虽然 RATE 函数也可以计算回报率，但是对于每期金额都不等的现金流量无法计算。而 IRR 函数对于几乎任何形式的现金流量都可以计算回报率。

公式 ＝ IRR(value，[guess])

表二 IRR 函数的参数及意义

参数	意义
Value	现金流量。必须至少包含一个正数和一个负数,以计算内部回报率。
[guess]	猜测回报率可能落点。因为 IRR 是用代入法求得答案,先假设一个回报率(默认值 10%),然后代入公式,看看是否符合。如果误差在容许范围内,该值就是答案,否则就试着增加或减少回报率,看哪一个方向较为接近,然后往该方向前进。一直反复这个过程,直到找到答案为止。若答案离默认值太远,在 20 次迭代之后,依然无法收敛到 0.0000001 以内时,就会传回错误值 #NUM!。这时使用者就必须更改 guess 参数,然后重新搜寻一次。依据个人经验,如果计算的是月利率的话,最好 guess 参数设定为 1%,比较不会出错。

● 用法 1: 定存股范例

以投资台湾某电信公司的定存股为例,第 1 年拿出 61020 新台币买股票,第 2 年拿回 3580 新台币配息,第 3 年拿回 4686 新台币配息,第 4 年拿回 5098 新台币配息,第 5 年拿回 91916 新台币配息及股票卖回金额,整个现金流量如图一所示。

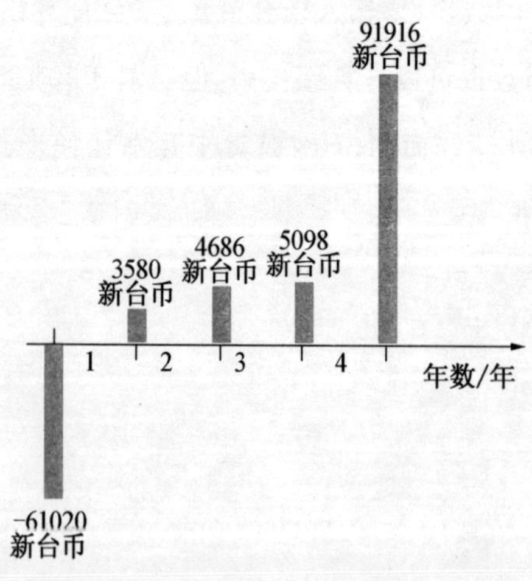

图一 投资台湾某电信公司的现金流量

如何将这样的现金流量用 IRR 函数表示，让它帮你算出回报率？有两种方式。

第一种方法是用大括号将现金流量括起来，当中每期的现金流量再用逗号分隔。

IRR({－61020,3580,4686,5098,91916})＝15.8%

现金流量也可以写在单元格里，然后将数据放入 IRR 的参数即可。如表三所示，单元格 B2:B6 就是现金流量的数据。

表三　IRR 函数的 EXCEL 表示方法

	A	B
1	期数(期)	现金流量(新台币)
2	0	－61020
3	1	3580
4	2	4686
5	3	5098
6	4	91916
7	IRR＝	15.8%

● 用法 2：储蓄险利率试算

有一个 6 年期的养老保险，缴费期间是前 3 年、每年年初缴 30250 元，到第 6 年年底领回 10 万元，这样相当于多少利率？

首先将现金流量画出来，因为前 3 年为缴费，属于现金流出，所以是负值，第6年年底时把现金拿回来，所以是正值。现金流量如图二所示，所以年化投资回报率为：

回报率 IRR({－30250，－30250，－30250,0,0,0,100000})＝1.96％

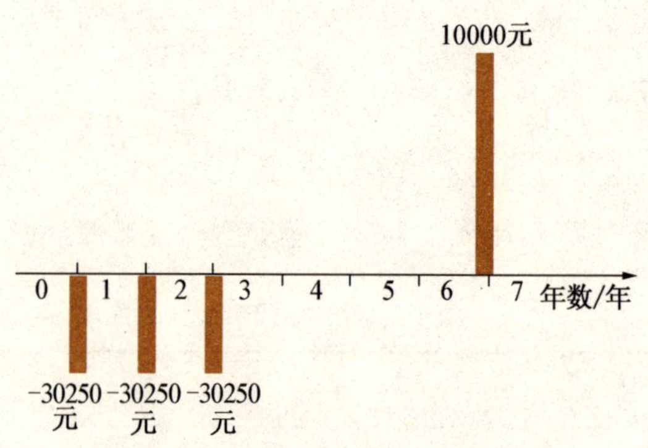

图二　养老保险的现金流量

我的理财计划

图书在版编目(CIP)数据

领薪水后的第一本理财书/萧世斌著. —杭州：浙江大学出版社，2012.4

ISBN 978-7-308-09719-2

Ⅰ.①领… Ⅱ.①萧… Ⅲ.①财务管理—通俗读物 Ⅳ.①TS976.15-49

中国版本图书馆 CIP 数据核字（2012）第 035931 号

领薪水后的第一本理财书

萧世斌　著

策　　划　蓝狮子财经出版中心
责任编辑　胡志远
文字编辑　陈静毅
出版发行　浙江大学出版社
（杭州市天目山路 148 号　邮政编码 310007）
（网址：http://www.zjupress.com）
排　　版　杭州大漠照排印刷有限公司
印　　刷　杭州丰源印刷有限公司
开　　本　880mm×1230mm　1/32
印　　张　6.75
字　　数　139 千
版 印 次　2012 年 4 月第 1 版　2012 年 4 月第 1 次印刷
书　　号　ISBN 978-7-308-09719-2
定　　价　27.00 元

浙江大学出版社发行部邮购电话（0571）88925591